U0397538

现代工程训练与创新实践丛书

电子技术工程训练

主　编　方　璐
副主编　陈浩文　万　敏　刘　昱　楚　锋

中国水利水电出版社
www.waterpub.com.cn
·北京·

内容提要

本书共分为八章，分别介绍了电子技术实践基础理论、实践操作方法和电子技术实训实例。

本书以新工科建设、工程教育认证为引导，集基础理论和实践实例于一体，注重知识结构的系统性和完整性。为丰富教学手段，本书还提供丰富的视频资源，可扫描二维码观看操作视频，培养学生自主学习和随时随地碎片式学习。

本书可作为本科院校、职业院校学生进行工程训练的教材，也可作为从事电子的工程技术人员的参考书。

图书在版编目（CIP）数据

电子技术工程训练 / 方璐主编. -- 北京 : 中国水利水电出版社, 2018.10（2025.2重印）.
（现代工程训练与创新实践丛书）
ISBN 978-7-5170-6402-2

Ⅰ. ①电… Ⅱ. ①方… Ⅲ. ①电子技术－高等学校－教材 Ⅳ. ①TN

中国版本图书馆CIP数据核字(2018)第068797号

书　　名	现代工程训练与创新实践丛书 **电子技术工程训练** DIANZI JISHU GONGCHENG XUNLIAN
作　　者	主　编　方　璐 副主编　陈浩文　万　敏　刘　昱　楚　锋
出版发行	中国水利水电出版社 （北京市海淀区玉渊潭南路1号D座　100038） 网址：www. waterpub. com. cn E-mail：sales@waterpub. com. cn 电话：（010）68367658（营销中心）
经　　售	北京科水图书销售有限公司 电话：（010）68545874、63202643 全国各地新华书店和相关出版物销售网点
排　　版	北京智博尚书文化传媒有限公司
印　　刷	三河市龙大印装有限公司
规　　格	170mm×240mm　16开本　11印张　189千字
版　　次	2018年10月第1版　2025年2月第2次印刷
印　　数	3001—4000册
定　　价	32.00元

凡购买我社图书，如有缺页、倒页、脱页的，本社营销中心负责调换

版权所有・侵权必究

现代工程训练与创新实践
丛书编委会

主 任 委 员：谢　赤

副主任委员：王文格　蔡立军

委　　　员（按姓氏笔画排序）：

万　敏　王　群　王　毅　文思维
方　璐　田万一　全松柏　刘长江
刘　昱　刘彬彬　李先成　李　杨
李英芝　李　源　杨灵芳　肖育虎
吴占涛　余剑锋　张小兰　张国田
陈浩文　陈源寒　易守华　罗　玮
胡双余　胡永光　曹　成　曹　益
曾益华　谢治华　蒲玉兴　楚　锋
楚　熙　詹　军

项目总策划：蔡立军

办公室主任：张国田

序
SEQUENCE

高等教育发展水平是一个国家发展水平和发展潜力的重要标志。习近平总书记指出，“我们对高等教育的需要比以往任何时候都更加迫切，对科学知识和卓越人才的渴求比以往任何时候都更加强烈”。当前世界范围内新一轮科技革命和产业变革加速进行，综合国力竞争愈加激烈。为响应国家战略需求，支撑服务新经济和新兴产业，推动工程教育改革创新，2017 年 2 月，我国高等工程教育界达成了“新工科”建设共识，加快了培养创新型卓越科技工程人才的步伐。在工程教育体系中，工程训练课程是最基本、最有效、学生受益面最广的工程实践教育资源，其作用日趋凸显，是人才培养方案中不可或缺的实践环节。

“现代工程训练与创新实践丛书”（下称“丛书”）正是在上述背景下，针对新一轮科技革命和产业变革对工程实践教育及人才培养的新要求，深入开展创新教学研究和实践而形成的教学改革成果。它以大工程为基础，以适应现代工程训练为原则，强调综合性、创新性和先进性的同时，兼顾教材广泛的适用性。

丛书由多位具有多年实践教学经验的实验教师和工程技术人员共同编写，主要以机械、材料、电工、电子、信息等学科理论为基础，以工程应用为导向，集基础技能训练、工程应用训练、综合设计与创新实践于一体。其特色与创新之处在于：

第一，编者阵容强大，教学经验丰富。本套教材的主编及参编人员均来自湖南大学，长期从事本专业的教学工作，且大多有着博士学位。本套丛书是这些教师长期积累的教学经验和科研成果的总结。

第二，精选基础内容，重视先进技术。建立了传统内容与新知识之间良好的知识构架，适应社会的需求。重视跟踪科学技术的发展，注重新理论、新技术、新材料、新工艺、新方法的引进，力求使教材内容具有科学性、先进性、时代性和前瞻性。

第三，体例统一规范，教学形式新颖。重视处理好教材的体例及各章节间的内部逻辑关系，力求符合学生的认识规律。实训操作要领配套了大量视频，通过扫描二维码即可观看学习。以学生为中心，充分利用学生零散时间，将教学形式最优化，能实现工程训练泛在化学习。

第四，重视工程实践，注重项目引导。改变以往教材过于偏重知识的倾向，重视实际操作。注重理论与实际相结合，设计与工艺相结合，分析与指导相结合，培养学生综合知识运用能力。将科研成果、企业产品引入教材，引导学生通过实践训练培养创新思维能力和群体协作能力，建立责任意识、安全意识、质量意识、环保意识和群体意识等，为毕业后更好地适应社会不同工作的需求创造条件。

“博于问学，明于睿思，笃于多为，志于成人”是岳麓书院的优秀传统，揭示了人要成才，必须认真学习积累基础知识，勤于思考问题，还要多动手、多实践、更要有立志成才的理想。2016 年 6 月 2 日，中国成为国际本科工程学位互认协议《华盛顿协议》的正式会员，标志着我国工程教育进入了新的阶段。工程教育的基本定位是培养学生解决复杂工程问题的能力。工程训练的教学目标是学习工艺知识，增强工程实践能力，提高工程素质，培养创新精神，提升就业创业能力。因此，丛书的出版正逢其时。它不仅仅是一套教材，更是自始至终的教育支持，无论是学校、机构培训还是个人自学，都会从中得到极大的收获。

当然，人无完人，金无足赤，书无完书，本套教材肯定会有不足之处，恳请专家和读者批评指正。

现代工程训练与创新实践丛书编委会

2018 年 9 月

前言 FOREWORD

本书是在国家实施重大发展战略和新工科建设的背景下，针对新一轮科技革命和产业变革对工程实践教育及人才培养的新要求，深入开展创新教学研究和实践而形成的教学成果。它以大工程为基础，强调综合性、先进性和新颖性的同时，兼顾教材广泛的适用性。

本书共分为八章，分别介绍了手工焊接原理和操作过程、常用电子元器件识别、常见电子仪器设备使用方法、印刷电路板的设计和制作、现代电子产品生产工艺、电子小产品安装调试和电子实习实例。

本书以新工科建设、工程教育认证为引导，现代技术和传统技术相结合、基础理论和实践实例相结合，在内容体系上注重知识结构的系统性和完整性，有更强实用性。为丰富教学手段，除基本内容外，本书还提供丰富的视频资源，可扫描二维码观看操作视频，培养学生自主学习和随时随地碎片式学习。

电子技术实训课时建议根据专业灵活设定，电类专业学生 64 课时，近电类专业学生 32 课时，非电类专业学生 16 课时。

本书可作为本科院校、职业院校学生进行工程训练的教材，也可作为从事电子的工程技术人员的参考书。

全书由方璐主编，参加本书编写工作的有陈浩文、万敏、刘昱、楚锋，对本书作出贡献的有肖育虎、罗玮、蒲玉兴、蒋克授、全松柏、余剑锋。在编写过程中，参阅了国内外同行的教材、资料、和文献，得到了很多专家和同行的支持和帮助，在此一并表示衷心的感谢。

限于编者的水平，本书中难免有错误和不妥之处，恳请读者不吝指正。

作　者

2018 年 6 月

前言
FOREWORD

目录 CONTENTS

第 *1* 章

手工焊接

在电子产品的安装中，对于大批量的产品已经使用了各种自动焊接技术以及自动贴片和封装仪器设备。但是小批量产品、研发性的产品，以及流水线产品中某些元器件，还是离不开手工焊接技术。也只有掌握了手工焊接技术，了解焊料、焊剂及焊接的机理，才能够驾驭各种自动焊接设备。因此掌握好手工焊接技术对于每一位实习的同学而言，都是非常重要且不可缺少的一环。

1.1 焊　接

1.1.1 钎焊

钎焊是利用熔点比焊件低的金属作为钎料，加热到一定温度后，钎料熔化，焊件不熔化，利用液态钎料润湿焊件金属，填充焊件接头间隙并与焊件金属母材相互扩散，将焊件牢固地连接在一起。根据所用钎料熔点的不同，将钎焊分为软钎焊和硬钎焊。

(1) 软钎焊：软钎焊的钎料熔点低于 450 ℃，接头强度较低（小于 70 MPa）。

(2) 硬钎焊：硬钎焊的钎料熔点高于 450 ℃，接头强度较高（大于 200 MPa）。

电子产品的焊接即为软钎焊的一种，用锡、铅等低熔点合金作为焊料，因此俗称“锡焊”。

1.1.2 焊接的物理基础及过程

从物理学的角度来看，电子产品的焊接是一个“浸润”并且“扩散”的过程，是在一定的温度条件下，焊料浸润焊件母材金属，并且两种金属表面分子互相渗透的过程。锡焊的过程，就是通过加热，让铅、锡等低熔点焊料在焊接金属面上熔化、流动、浸润，使铅锡原子渗透到焊件铜母材（管脚、焊盘）的表面内，并在两者的接触面上形成 Cu6－Sn5 的脆性合金层，然后冷却凝固，使铅锡焊料和铜母材牢固地结合在一起。

浸润也叫“润湿”。液态金属的表面张力使它保持珠状，在固态金属平面上滚动而不能摊开，这种状态叫作不能浸润；反之，假如液体金属在与固态金属的接触面上摊开，充分铺展接触，就叫作浸润。

如图 1-1 所示，$\theta > 90^\circ$ 焊料不浸润焊件；$\theta = 90^\circ$ 焊料浸润性能不好；$\theta < 90^\circ$ 焊料浸润性能良好。只有提高焊料的温度，破坏液态焊料的表面张力，焊料才能良好地浸润焊件，实现焊料在焊件表面金属的扩散。

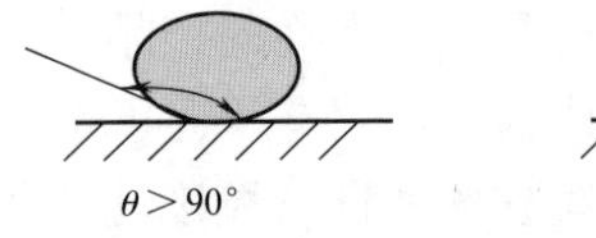

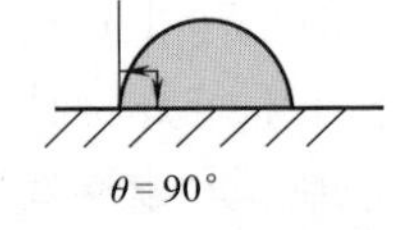

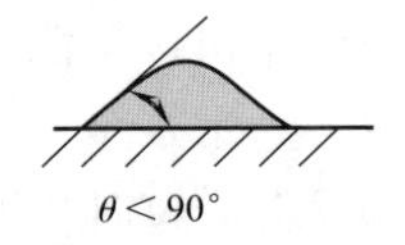

图 1-1　浸润角示意图

金属的扩散是指在两个金属物体的表面原子相互渗透的过程。如图 1-2 所示，在交界面上，铜原子和锡原子相互扩散、渗透，原来的界面也就不存在了，而新形成一个扩散区域。那么锡焊，也就是锡和铜母材在高温下相互扩散，冷却后在接触界面上形成薄薄一层合金层的过程。铜和锡的相互扩散应有两个面：一个是元器件引出脚与焊锡，一个是焊锡与焊盘。焊接过程完成后，这两个界面上都要形成良好的合金层，使得焊锡同焊件和焊盘都能够牢固地结合。

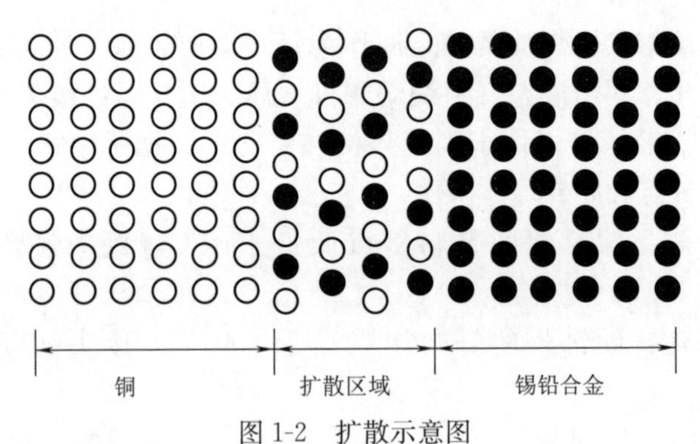

图 1-2　扩散示意图

1.1.3　锡焊的必备条件

显然，如果焊接金属面上有阻隔浸润的污垢或氧化层，就不能生成两种金属材料的合金层，或者温度不够高使焊料没有充分熔化，则都不能使焊料浸润焊件，使得焊件之间不能导电，不能完成锡焊。进行电子产品锡焊，必须具备的条件有以下几点：

1. 焊件母材金属必须具有良好的可焊性

焊件金属表面被熔融金属焊料浸润的特性叫作可焊性。不是所有的材料都可以用锡焊实现连接并导电的，有些金属，如铬、钼、钨等的可焊性就非常差；有些母材金属的可焊性又比较好，如紫铜、黄铜等。而铝、不锈钢、铸铁等可焊性也很差，一般需采用特殊焊剂及方法才能锡焊。

2. 焊件表面必须保持清洁

为了使焊锡和焊件达到良好的结合，焊件金属表面一定要保持清洁。如氧化层和污垢，在焊接前务必把金属氧化层或污垢清除干净。焊件金属表面轻微的氧化层可以通过助焊剂（如松香）来清除，金属表面氧化程度严重的，则可以采用工具磨削清除。

3. 焊件要加热到一定的温度

焊接时，一般使用电烙铁来熔化焊锡和加热焊件金属母材，使锡、铅原子获得足够的能量渗透到焊件金属母材表面的晶格中而形成合金。加热温度过低，无法破坏液态金属的表面张力，对锡、铅原子渗透不利，无法形成合金，极易形成虚焊；焊接温度过高，会使焊料处于非共晶状态，加速助焊剂分解和挥发速度，使焊料品质下降，严重时还会导致印制电路板上的焊盘脱落。一般经验是电烙铁头温度比焊料金属熔化温度高50～100 ℃较为适宜。

4. 合适的焊接时间

合适的焊接时间是指在焊接全过程中，进行物理和化学变化所需要的时间。包括焊料、焊件金属达到相互扩散的温度的时间，焊锡点形成的时间，焊料金属从液态重新凝固成固态的时间等几个部分。焊接时间过长，极易损坏电子元件和焊盘；焊接时间过短，则易形成虚焊或不良焊点，达不到焊接要求。

5. 被焊物的位置必须保持相对固定

焊料金属冷却时，不能有任何外力所造成的位移发生，否则，焊料金属呈“豆渣”状态。要让焊料金属在凝固时有机会重生成其特定的晶相结构，使焊接部位保持应有的机械强度。

1.2　焊接工具

除了电子元件、焊锡、电路底板这些必备的材料外，还需要其他工具的辅助，才能良好地实现锡焊这一过程。其中最基本的工具就是电烙铁，用它来加热焊料及焊件使其达到相应的温度。

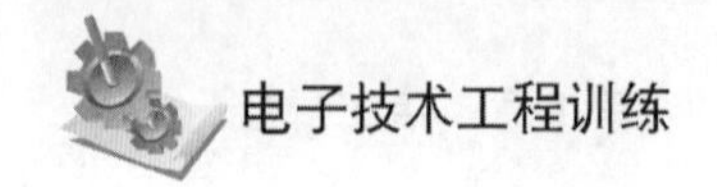

1.2.1 电烙铁

电烙铁是手工焊接中最常用的工具，作用是将电能转换成热能，并对焊料及焊件进行加热，形成锡焊点，使得焊件之间相互之间能够良好的导电。

1. 电烙铁的构造

以外热式电烙铁为例，电烙铁的构造如图 1-3 所示，一般由手柄、烙铁身、烙铁芯、烙铁头、电源线插头五部分组成。电源线部分由绝缘塑胶包裹从手柄后端穿出；手柄部分由耐热塑料或木头制成，里面含有电源同发热电阻丝的接线端；烙铁芯的外端套以金属做成的烙铁身，烙铁身上装有两颗螺钉，大螺钉用来固定烙铁头，小螺钉用来将烙铁芯固定在烙铁身上，烙铁芯有发热电阻丝绕在中空环状绝缘云母片上，通电后电阻丝即发热，绝缘云母片也随之发热；前端是烙铁头，用螺丝固定在中空的云母片中间，可调节烙铁头插入烙铁芯的长度，从而调节烙铁头的温度，插入得越深，温度越高，反之若想要温度稍低，则可以拧松螺丝，将烙铁头拉出一些。在使用电烙铁的时候特别注意，只能解碰电烙铁的手柄部分，不能碰解烙铁身及烙铁头，避免烫伤。

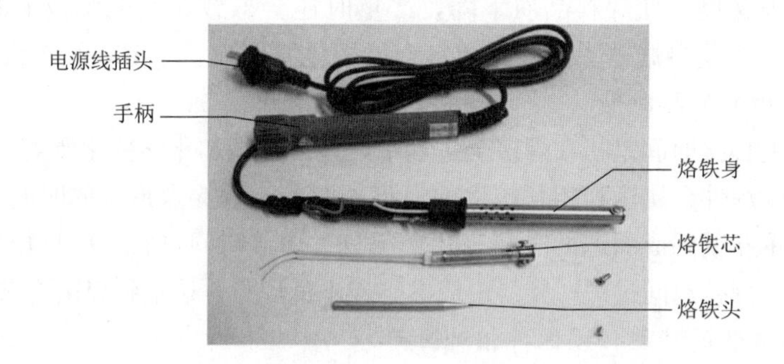

图 1-3 外热式电烙铁

2. 电烙铁分类和选择

通常使用的电烙铁分为外热式和内热式两种，如图 1-4 所示。内热式电烙铁从内部发热，发热电阻丝绕在一根陶瓷棒上面，外面再套上陶瓷管绝缘，烙铁头是空心筒状，烙铁头套在陶瓷管外面。内热式电烙铁的热量是从内部传到外部的烙铁头上，所以热利用率较高，预热时间较短，因此内热式电烙铁一般功率不能过大，选用 20～50 W即可。

外热式电烙铁刚好相反，发热电阻丝绕在一根中间有孔的金属管上，里外用云母片绝缘，烙铁头插在中间孔里，热量从外面传到插在中间的烙铁头上，因此叫作外热式。由于发热电阻丝在电烙铁外部，热量散发到了空气中，所以热效率较低，预热时间较长。但是功率可以选得比较大，20 W到300 W都有。

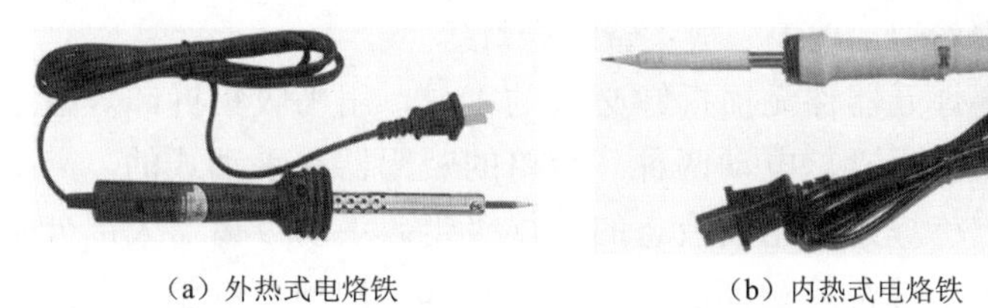

（a）外热式电烙铁　　（b）内热式电烙铁

图1-4　电烙铁的分类

3. 烙铁头

电烙铁的烙铁头经常要被加工成各种形状以适应焊接的要求，基本形状为尖端细小形、圆锥形、马蹄形、扁嘴形、刀口形、H形等。如图1-5所示，常用的电烙铁头外形分别是圆锥形、刀口形和尖端细小形。选择正确的烙铁头形状和尺寸是非常重要的。烙铁头越大，则热容量越大，温度上升越快；烙铁头越小，热容量越小，温度上升越慢。一般焊接较大的元件时，焊盘较大，烙铁头与焊盘接触面积也较大；就可以选择刀口型、马蹄型等较大的烙铁头；焊接密度较大的小焊点时，为了避免熔融相邻电子元件焊点，应采用锥形或尖端细小形的烙铁头。

图1-5　烙铁头的形状

烙铁头一般采用紫铜材料制造。为保护在焊接的高温条件下不被熔融、氧化，常将烙铁头前端的表面经电镀处理。烙铁头是易损件，当表面的电镀层损耗后，锡就会将烙铁头内里的铜熔融，这时就需要更换一个新的烙铁头。如果在使用的过程中烙铁头上出现了黑色的氧化物或其他杂质，烙铁头就会不上锡，千万不要用砂纸或硬物清洁烙铁头。应将烙铁头加热到约250 ℃，用软布清洁烙铁头前端，然后上锡，不断重复，直到把氧化物或杂质清理干净，让烙铁头前端保持银色的吃锡状态为止。

4. 烙铁架

烙铁架是支放烙铁的托架。首先应当能够使电烙铁头良好散热，不至于过热，并且能够摆放平稳方便，不容易使烙铁烫伤人。然后烙铁架要有一个能够放松香和多余锡的容器，以便于进行去氧化物和镀锡的操作。电烙铁在焊接电子元件的过程中，除开拿在手里直接进行焊接操作外，其余时间电烙铁都要摆放在烙铁架上，并且不能在烙铁架四周摆放其他物品，以免发生危险。

1.2.2 其他工具

电子焊接操作过程中使用的其他工具，有吸锡器、镊子、尖嘴钳、斜口钳、剥线钳、螺丝刀、剪刀、放大镜和台灯等。

吸锡器是锡焊元器件无损拆卸必备的工具，用来收集拆卸焊盘电子元件时融化的焊锡。有手动、电动两种。简单的吸锡器是手动式的，需要配合电烙铁一起使用，待焊锡熔化成液态的时候吸走。手动吸锡器大部分是塑料制品，它的头部由于常常接触高温，因此通常都采用耐高温塑料制成。电动吸锡器无须电烙铁，可以自动加热焊锡并吸锡。外观通常呈手枪式结构，主要由真空泵、加热器、吸锡头及容锡室组成。无论是电动还是手动吸锡器在使用一段时间后必须清理，否则内部活动的部分或头部会被焊锡卡住。

自动剥线钳由刀口、压线口和手柄组成，钳柄上套有额定工作电压 500 V 的绝缘套管。使用时根据电线的粗细型号，选择相应的剥线刀口，刀口选得过粗外部绝缘胶皮无法完全剥离，刀口选得过细则会损伤中间的铜线。选择要剥线的长度，将线用刀口和压线口同时固定住，然后握住剥线钳的手柄，用力夹住，绝缘表皮和内部铜线就会轻松剥离。

镊子主要分为尖头镊子和弯头镊子。它的主要作用是夹持小的元器件及温度较高的部件，辅助焊接，弯曲电阻、电容、导线等。尖嘴钳应选用较细长的那种，主要用来夹持零件、导线及零件脚弯折。斜口钳常用修剪元器件过长的引脚，是焊接及安装电子产品中用得比较频繁的工具，因此要选择刀口锋利、坚韧耐用、体积小巧的。螺丝起子分为一字起子和十字起子，根据刀口和大小适用于不同的用途。剪刀可以用来剪细小的软线及元器件的表面处理。台灯用来照明，以便于看清细小的元器件标识以及检查焊接缺陷等。

1.3 正确的焊接过程

1.3.1 焊料与焊剂的选择

电子焊接中一般常用焊锡做焊料，它具有较好的流动性和附着性。有铅焊锡通常是锡（熔点 232 ℃）与另一种低熔点金属铅（熔点 327 ℃）按不同比例组成的合金，可以调整锡和铅的比例改变其熔点以满足不同的需求。其中 63%锡和 37%铅的合金被称为共晶焊锡，能达到最低熔点 183 ℃。无铅焊锡由锡铜合金做成，铅的含量极低。另外还可以加入其他金属来改善焊锡的性质，如银、铋、铟、镉等。

焊锡主要的产品分为焊锡丝、焊锡条和焊锡膏3个大类。应用于各类电子焊接上，分别适用于手工焊接、波峰焊接、回流焊接等工艺上。手工焊接作业时使用的焊锡丝也被称为松香芯焊锡线，在中空的焊锡丝中加入了助焊剂，这种助焊剂是由松香和少量的活性剂组成。在手工焊接操作过程中，会散发出部分白色烟雾，这就是松香遇热挥发而产生的。

焊剂的作用是除去部分表面污垢和氧化物，防止焊件受热氧化，并且增强焊锡的流动性。对手工锡焊而言，采用松香和活性松香能满足大部分电子产品装配的要求。还要指出的是焊剂的量也是必须注意的，过多过少都不利于锡焊。

1.3.2　焊接前的准备工作

在焊接开始前必须清理工作台面，准备好元器件、焊锡丝、尖嘴钳等，注意电烙铁及烙铁架的摆放位置，避免引燃或烫融其他物品。选好一只电烙铁，用起子拧松烙铁头的固紧螺丝，用尖嘴钳拔出烙铁头离底端1 cm左右，再拧紧螺丝，插上电源，将电烙铁放在烙铁架上预热。预热3～5 min，试焊，如觉温度不够，可以往回送一点儿。避免烙铁头温度过高，超过300 ℃，使烙铁头烧死。去除烙铁头前端的黑色氧化物，使烙铁头的前端保持银色的吃锡状态。

1.3.3　插件焊接的步骤

如图1-6所示，手工焊接的过程主要有以下几个步骤：

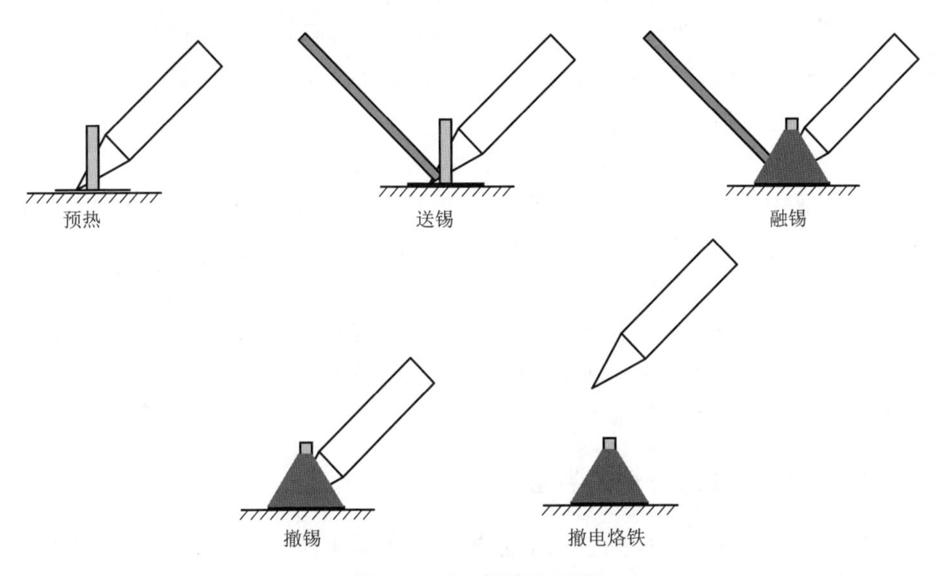

图1-6　手工焊接的过程

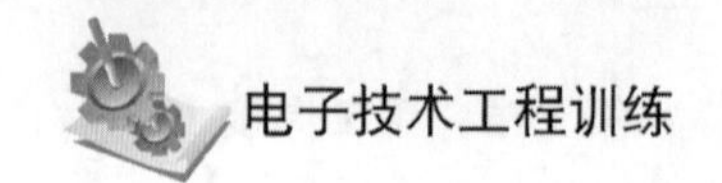

1. 元器件引脚的镀锡

对于表面氧化、有污渍和有绝缘漆的引脚，镀锡前必须进行表面处理。手工焊接时可采用刮削的办法处理，或者利用松香来去除。较粗的引脚可以压在工作台上用刀进行刮削，细线头则需要放在手指间进行处理。刮削完成后，就可以给元件引出脚镀锡了，如果有镀不上锡的地方，证明那里并没有刮削干净，需要重新进行刮削，再镀锡，直到元器件的引脚上完全都镀上锡为止。另外，也可将电烙铁放入松香块中，加热至液态，在液态的松香中完成引脚的去氧化的工作，然后用液态的锡团来完成线头、引脚的镀锡。

2. 将元器件插入正确的焊盘

确定元器件应插入的孔位以及插入的方向，如果插入的位置不正确，那么正确的焊接就无从说起。如果发生了错误，就需要把元器件管脚融锡并且拔出，重新进行焊接。确定正确位置后，将元器件从元件面插入，引脚即从底板焊接面伸出，焊接面向上，稍稍倾斜放置，待下一步的操作。

3. 电烙铁预热元器件管脚和焊盘

电烙铁插电使烙铁头升温 4～5 min 后，将烙铁头前端的锥形工作面以与水平面 45°的角度同时预热元器件管脚和焊盘，使之加热到适宜焊接的温度。适宜的温度有利于金属的浸润和扩散。

4. 焊点的形成

用左手拿焊锡丝以 45°角送锡，送锡的位置应在烙铁头、元器件管脚和焊盘三者交汇的缝隙处。预热的温度足够时，锡丝会熔融为液态，并马上流向并填充它们之间的缝隙。当液态锡在焊盘上流动时，要确保送锡的速度不低于焊点形成时锡丝熔融的速度，避免因焊锡量少而形成不完整的焊点。同时，要避免锡丝熔融位置偏高、熔融量过多，造成焊盘同焊料之间扩散与渗透不充分，并易造成相邻焊点之间的短路。

5. 焊锡丝和电烙铁的撤离

当圆锥状的焊点形成以后，要立即以 45°角抽离焊锡丝，然后迅速以 90°角垂直向上撤离电烙铁，将随着电烙铁带离的少量锡裹在元器件的管脚上。

6. 冷却

焊点形成后不要急于移动或修剪元器件的管脚，应让焊点得到充分的冷却，之后才可以受力。如不然，会使焊点凝固成松散的豆渣状，成为一个虚焊点。

1.3.4　插件焊点好坏的判断

焊点的质量直接关系到整块电路板能否正常工作，焊点质量的检验也是每个操作人员要学会并掌握的基本功。检验焊点质量有多种方法，但我们通常是采用观察外观的方法。

质量好的焊点称标准焊点，焊锡、焊盘、元件引脚三者较好地融合在一起，在焊盘与焊锡、元件引脚与焊锡结合处均形成了铜锡合金层。外观呈圆锥状，表面应该光洁、明亮、不应该有拉尖、粗糙、裂纹、麻点等现象。焊锡到被焊金属的接合处应呈现圆滑流畅的浸润状凹曲面，也就是两者结合处的浸润角均是锐角。

以焊点的剖面图来了解标准焊点和各种不良焊点，见表 1-1。

表 1-1　点焊的剖面

序号	焊点剖面	外　观	原　因
a	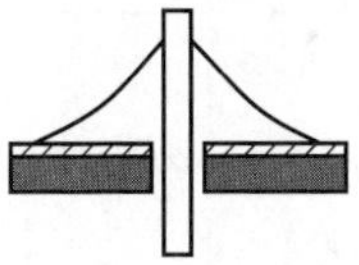	剖面呈三角形，浸润角小，表面呈凹曲面	优良焊点
b	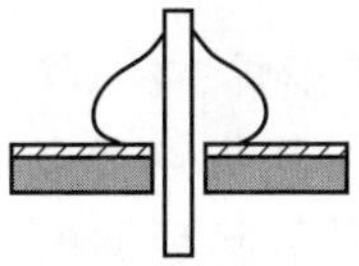	剖面呈水滴状，同焊盘的浸润角大于 90°	熔融位置较高，或焊盘氧化及焊锡量过多
c	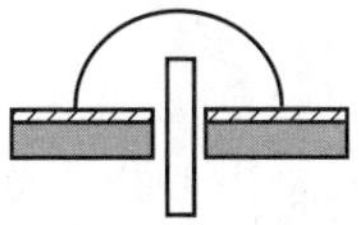	表面呈半球形	元器件管脚过短，虚焊点
d	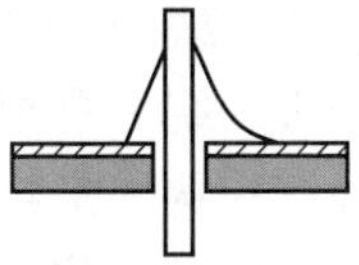	未形成平滑面	焊锡量少，焊锡丝抽离过早
e	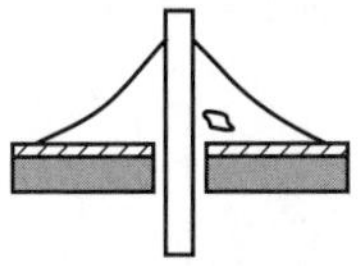	焊点中夹有气泡或松香	浸润不良或松香量过多
f	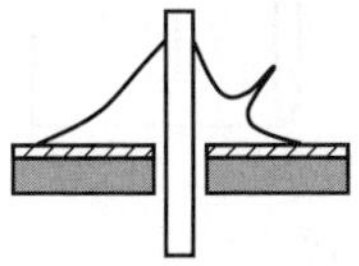	侧面出现拉尖	电烙铁以 45°撤离

（续）

序号	焊点剖面	外　观	原　因
g		表面呈豆渣状	液态锡未完全冷却即晃动焊件
h		焊点发白，与印制板脱落	加热时间过长，焊点温度过高
g		相邻焊点搭接	焊锡过多，电烙铁位置不当，造成短路

焊接结束后，必须对所有焊点进行检查，避免虚焊、漏焊、错焊及不良焊点。在电子产品中，只要有一个不合格焊点就会造成整个产品的失败。所以焊接不良的问题，要引起足够的重视。

插件焊接视频

1.3.5　导线焊接

上面讲的将元器件的引脚穿过底板焊接的方法叫作点焊，另外一种叫作导线焊接，用于导线和接线端之间的焊接。一般用于电源线、喇叭线、信号线等同接线端子或底板之间的连接。如图 1-7 所示，导线焊接分为绕焊、钩焊和搭焊。在焊接前，必须将导线线头进行镀锡的处理。绕焊是把导线的前端在接线端子上缠一圈，用钳子拉紧，缠牢后进行焊接；钩焊是将导线前端弯成钩状，钩在接线端子上，并用钳子夹紧后，用焊锡将其焊住；搭焊是把经过镀锡的导线搭到接线端子上，并用重物将其两者固定，再来进行焊接。

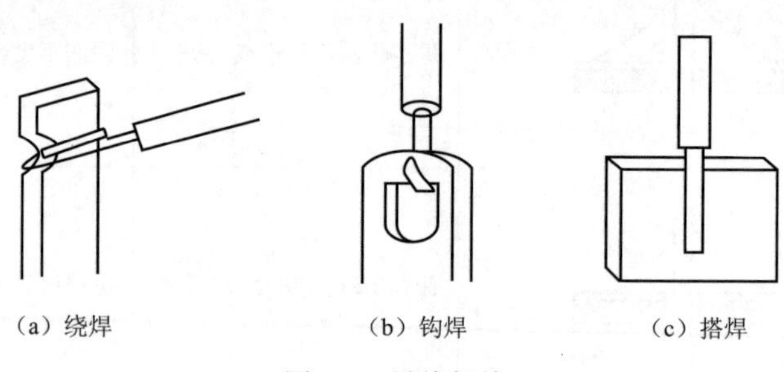

（a）绕焊　（b）钩焊　（c）搭焊

图 1-7　导线焊接

导线焊接同元器件管脚的点焊一样需要进行预处理。对于表面氧化、有污渍和有绝缘漆的导线前端及接线端子，必须先进行刮削或用松香去氧化，然后再将其表面镀上一层锡。对于包裹了绝缘胶皮的导线，需要把前端胶皮剥掉。对于多股导线来说，不能剥断其任一股线芯，并且需要边剥胶皮边拧股，将其拧成麻绳状，再来进行镀锡。

在进行导线焊接的时候，可有两种方式：一种是一手拿电烙铁一手拿焊锡丝，焊锡丝置于被焊处之上，电烙铁再置于焊锡丝之上，将足量的焊锡熔融，将导线和接线端子包裹住，待其完全凝固后方可移动；另一种是先将部分锡熔融在被焊处近旁，然后再将部分锡熔融在烙铁头上，施于被焊处，同前面的那一部分锡一起将导线和接线端子焊住，待焊锡凝固后即完成操作。

导线焊接也会出现一些焊接缺陷，如图 1-8（a）所示，导线前端绝缘胶皮剥得过长，使得导线与其他的焊点有相碰短路的危险。在图 1-8（b）中，多股导线没有拧股，使得有部分线芯脱离在外，使得此处接触不良。

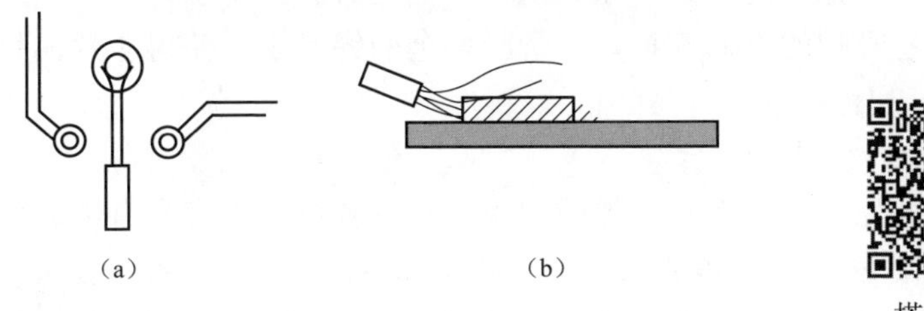

图 1-8　导线焊接缺陷

搭焊视频

1.3.6　手工贴片焊接

越来越多的电路板使用了表面贴装元件，对于贴片元件，可以用手工焊接或者机器焊接。机器焊接需要一条包含自动贴片机的 SMT（表面组装技术）生产线，并且需要依照电路板定制一张漏印钢网。对于小批量产品或者自创研发性产品，使用机器贴片焊接在经济上显然是不划算的。因此，在手工插件焊接的基础上，需要掌握手工贴片焊接这项技能。

在手工贴片焊接之前，根据贴片元件的大小准备足够细的焊锡、好用的小型尖头镊子、一些助焊剂，并将烙铁头前端保持吃锡状态。

贴片元件的手工焊接步骤如下：

1. 清洁和固定印制电路板

观察要焊的 PCB（印制电路板，又称印刷线路板）板，如果表面有氧化物，用酒精或者洗板水对氧化物进行清除。条件允许的情况下，对焊板进行固定以方便焊接。

2. 固定贴片元件

根据贴片元件的管脚多少，分为单脚固定法和多脚固定法。对于像电阻、电容、二极管、三极管等，一般采用单脚固定法；而对于多管脚的贴片芯片，单脚难以将芯片固定好，需要多脚固定，一般在管脚精确对齐焊盘的前提下，先将贴片芯片的对角线方向的管脚固定好，然后再处理其余管脚。

对于贴片元件管脚的固定，方法是在焊盘先熔融一些焊锡，然后左手用镊子夹住贴片元件紧靠凝固的锡团，右手重新将焊锡熔融的同时，左手将贴片元件推入液态的锡中，之后电烙铁贴焊板从外向里拖拽，将多余的锡量用电烙铁带走。

3. 焊接剩余管脚

对于单脚固定法的元件，观察贴片元件是否放正、放平、偏移，二极管正负极是否正确，再将其余的焊盘用同样的方法焊好。

对于贴片芯片，在确定芯片方向正确的前提下，可左手持焊锡、右手持电烙铁，对剩余的管脚依次进行点焊。如果对贴片芯片的焊接达到一定的熟练程度，可以选择拖焊的方式，先纵向将一侧的管脚全部上足锡，然后再用电烙铁横向沿着管脚的方向拖拽，将管脚多余的锡带走，使得芯片的每一个管脚锡足量而又不会短路。

4. 检查焊点

首先观察贴片元件是否有漏焊的现象，然后看焊接中有没有造成管脚短路现象。如果有漏焊、虚焊则要进行补焊，如果有管脚短路，则需要处理多余的焊锡，将烙铁头上加上适量的助焊剂（如松香），然后将短路部分的焊锡重新熔融，将多余的焊锡随着烙铁头带走。最后，清除焊盘上多余的锡珠、锡渣。

手工贴片焊接视频

贴片元件标准焊点如图 1-9 所示，侧面呈内弧形，焊锡将整个上锡位置和零件脚都包裹住，并且圆满、光滑、无孔。

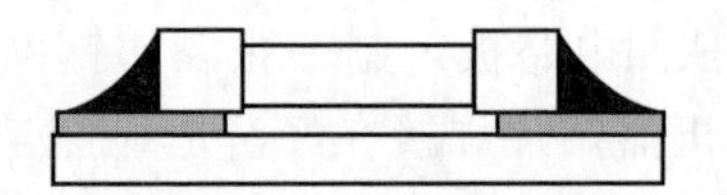

图 1-9 贴片元件标准焊点

在学习手工贴片焊接过程中容易发生的不良焊点情况，见表 1-2。

表 1-2 贴片焊的不良焊接

序号	不良贴片焊接形貌	原 因	解决方案
a		一侧漏焊	将另一侧补焊

（续）

序号	不良贴片焊接形貌	原　因	解决方案
b		焊料过多	用电烙铁将多余的焊料带走
c		直立	重新进行双侧焊接
d		桥接	将短路点分开
e		芯片反方向	将芯片方向调正，重新进行焊接
f		纵向偏移	对芯片进行调整，使之对正
g		偏斜	对芯片进行调整，使之对正
h		横向偏移	对芯片进行调整，使之对正

对于不良的贴片焊接，要及时进行调整，以免造成元器件的损坏乃至整个电路无法正常运行。对于像贴片电阻、电容、三极管等元件，可以用电烙铁进行调整、补焊；对于贴片芯片，单用电烙铁可能对元件或者对电路底板有所损坏，要利用热风枪等设备将焊得不好的芯片先取下，然后将PCB板上多余的焊料去除，再重新进行焊接。

第 2 章 常用电子元器件

2.1 电 阻 器

电阻器在日常生活中一般直接称电阻，是一种最基本的电子元件，在电路中主要用来调节和稳定电流与电压，可作为分流器和分压器，也可作电路匹配负载。根据电路要求，还可用于放大电路的负反馈或正反馈、电压-电流转换、输入过载时的电压或电流保护元件，又可组成 RC 电路作为振荡、滤波、旁路、微分、积分和时间常数元件等。

从阻值方面，电阻器可分为固定电阻器（电阻器）、可变电阻器（电位器）和特种电阻三大类。固定电阻器阻值不能改变。可变电阻器的阻值可变。特殊电阻器有保险电阻器（又叫熔断电阻器）和敏感电阻器。根据对不同物理量敏感程度，敏感电阻器可分为热敏、湿敏、光敏、压敏、力敏、磁敏和气敏等类型。

国产电阻器型号表示法如图 2-1 和表 2-1 所示。

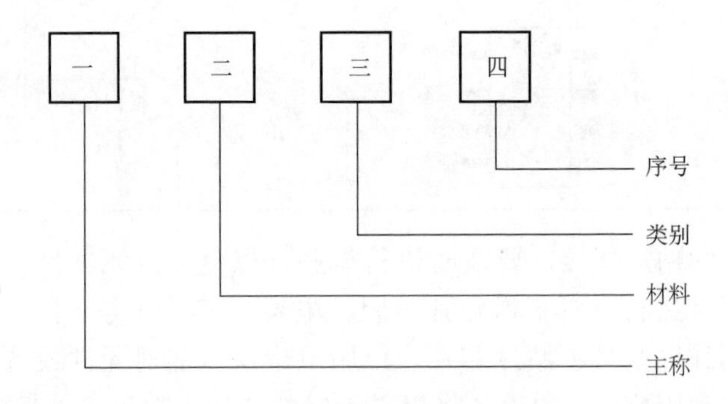

图 2-1　国产电阻器型号表示法

表 2-1　电阻器型号表示法

第一部分 主称		第二部分 材料		第三部分 类别			第四部分 序号
符号	意义	符号	意义	符号	意　义		
					电阻器	电位器	
R	固定电阻器	T	碳膜	1	普通	普通	对主称、材料相同，仅性能指标、尺寸大小有差别，但基本不影响互换使用的产品，给予同一序号；若性能指标、尺寸大小明显影响互换时，则在序号后面用大写字母作为区别代号
W	电位器	P	硼碳膜	2	普通	普通	
		U	硅碳膜	3	超高频		
		H	合成膜	4	高阻		
		I	玻璃釉膜	5	高温		
		J	金属膜	6			
		Y	氧化膜	7	精密	精密	
		S	有机实心	8	高压	特殊函数	
		N	无机实心	9	特殊	特殊	
		X	线绕	G	高功率		
		C	沉积膜	T	可调		
		G	光敏	W		微调	
		R	热敏	D		多圈	
				B	温度补偿用		
				C	温度测量用		
				P	旁热式		
				W	稳压式		
				Z	正温度系数		

如：RJ73 精密金属膜电阻器。

2.1.1　固定电阻器

固定电阻器按伏安特性可分为线性和非线性电阻。按材料可分为线绕和非线绕电阻器，非线绕电阻器包括实心电阻（有机 RS 和无机 RN）和膜式电阻（碳膜 RT、金属膜 RJ、合成膜 RH 和氧化膜 RY）。按用途分通用、精密、高阻、功率、高压、高频电阻。

表征电阻特性的主要参数有标称阻值及其允许偏差、额定功率、负荷特性、电阻温度系数等。

标称阻值是指用数字或色标在电阻器上标志的设计阻值。单位为欧（Ω）、千欧（kΩ）、兆欧（MΩ）、吉欧（GΩ）、太欧（TΩ）。换算关系如下：$1\ \text{k}\Omega = 10^3\ \Omega$，$1\ \text{M}\Omega = 10^6\ \Omega$，$1\ \text{G}\Omega = 10^9\ \Omega$，$1\ \text{T}\Omega = 10^{12}\ \Omega$。

允许误差是指电阻器实际阻值与标称阻值间允许的最大偏差范围，以百分比表示。常用的有±5%、±10%、±20%，精密的小于±1%，高精密的可达0.001%。具体见表2-2和表2-3。

表2-2 电阻器标称值系列及误差

标称值系列	误差/%	电阻器标称值/Ω											
E24	±5	1.0 3.3	1.1 3.6	1.2 3.9	1.3 4.3	1.5 4.7	1.6 5.1	1.8 5.6	2.0 6.2	2.2 6.8	2.4 7.5	2.7 8.2	3.0 9.1
E12	±10	1.0	1.2	1.5	1.8	2.2	2.7	3.3	3.9	4.7	5.6	6.8	8.2
E6	±20				1.0	1.5	2.2	3.3	4.7	6.8			

表2-3 允许误差等级

级别	005	01	02	Ⅰ	Ⅱ	Ⅲ
允许误差/%	0.5	1	2	5	10	20

额定功率是指在规定的环境温度和湿度下，电阻器上允许消耗的最大功率。额定功率分19个等级，常用的有0.05 W、0.125 W、0.25 W、0.5 W、1 W、2 W、3 W、5 W、7 W、10 W。有两种标示方法：2 W以上的电阻，直接用数字印在电阻体上；2 W以下的电阻，以自身体积大小来表示功率。在电路图上表示电阻功率时，采用符号如图2-2所示。

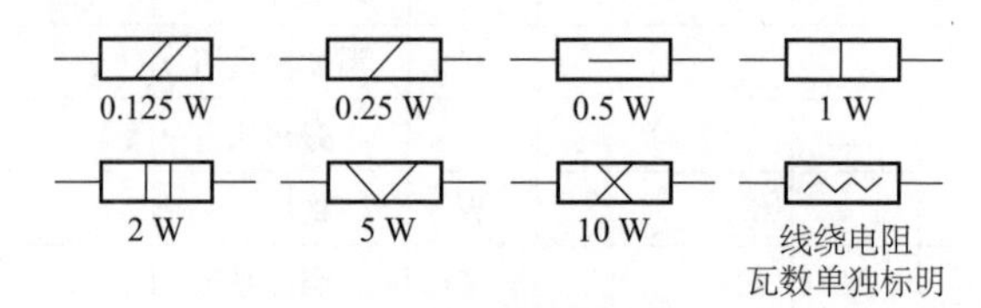

图2-2 电阻额定功率电路符号

电阻的阻值和允许偏差的常用标注方法有直标法、色标法。

1. 直标法

直标法是将电阻的阻值和误差直接用数字和字母印在电阻上。有的电阻表面直接用数字将电阻值标出。有的用文字符号表示，符号R、k、M、G、T分别表示Ω、kΩ、MΩ、GΩ、TΩ，在这些符号前的数字表示阻值的整数部分，符号后面的数字则表示阻值的小数部分，如33R表示33 Ω，1k5表示1.5 kΩ。

对于片状电阻（贴片电阻），一般只将阻值标注在电阻表面，通常采用3位或者4位数字表示。

当采用3位数字表示时，精度在±2%（—G），±5%（—J），±10%（—K）。用ABC表示，电阻阻值为$AB\times10^{C}$ Ω。如：470=47 Ω，小于10 Ω

的电阻，用 R 代表单位为 Ω 的电阻小数点，用 m 代表单位为 mΩ 的电阻小数点。例如：1R5＝1.5 Ω。

当采用 4 位数字表示时，精度在±1%（—F）。用 ABCD 表示，电阻阻值为 $ABC\times10^{D}$ Ω。小于 10 Ω 的电阻，用 R 代表单位为 Ω 的电阻小数点，用 m 代表单位为 mΩ 的电阻小数点，例如：4700＝47 Ω，5R10＝5.1 Ω。

2. 色标法

色标法是将电阻的阻值和误差直接用颜色标注在电阻上，常用的有四色环和五色环，如图 2-3 所示。

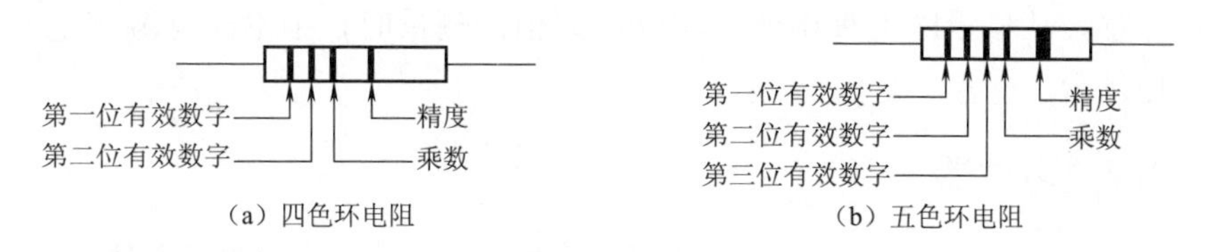

图 2-3　色环电阻

四色环电阻精度较差。前面两环为有效数字，第三环为倍乘（零的个数），第四环为允许误差，一般以金、银两色结尾。

五色环电阻精度较高。前面三环为有效数字，第四环为倍乘（零的个数），第五环为允许误差。

色环标示法中各颜色的含义见表 2-4。

表 2-4　色环标示法中各颜色的含义

颜色	有效数字	倍乘	允许误差/%	字母代号
棕	1	10^{1}	±1	F
红	2	10^{2}	±2	G
橙	3	10^{3}		
黄	4	10^{4}		
绿	5	10^{5}	±0.5	D
蓝	6	10^{6}	±0.25	G
紫	7	10^{7}	±0.1	B
灰	8	10^{8}		
白	9	10^{9}		
黑	0	10^{0}		
金		10^{-1}	±5	J
银		10^{-2}	±10	K
无色			±20	M

例如：(1) 四色环电阻，棕黑棕金，该电阻阻值为 $10\times10^{1}=100\ \Omega\pm5\%$。

(2) 五色环电阻，棕红黑橙棕，该电阻阻值为 $120\times10^{3}=120\ \text{k}\Omega\pm1\%$。

对于电阻器的选用，根据电子设备的技术指标，电路的工作频率、对温度稳定性要求，安装位置，工作环境等选用电阻的型号和误差等级，优先选用通用型电阻器，额定功率应大于实际消耗功率的 2 倍。电阻安装前要测量核对，尤其是要求较高时，还要人工老化处理，以提高稳定性。

对于电阻器的检测，首先查看电阻外观、电阻体与引脚是否紧密接触等。然后用数字万用表欧姆挡测量，将红黑表笔（不分正负）分别与电阻的两端引脚相接，从显示屏上直接读出实际电阻值。测量时，手不能碰触表笔和电阻导电部分。

2.1.2 电位器

电位器，即可变电阻，是一种连续可调的电阻器，通过调节电位器转轴，使其输出电位变化，可用作变阻器和分压器。常用的电位器有线绕电位器、实心电位器和碳膜电位器。每个电位器的外壳上都标有它的标称阻值，即最大电阻值。最小电阻值又称零位电阻。常见电位器阻值变化规律有直线式（X 型)、指数式（Z 型）和对数式（D 型)。

对于电位器的选用，根据电路要求，选择合适型号的电位器；根据不同用途，选择相应阻值变化规律的电位器；还应注意电位器尺寸大小，旋转轴柄的长短、轴端式样和轴上有无紧锁装置等。

对于电位器的检测，首先转动旋柄，检查旋柄转动是否平滑，开关是否灵活。然后用万用表欧姆挡测量。先测电位器两端，读数为其标称阻值。再测活动臂与电阻片接触是否良好，将一只表笔接电位器活动臂，另一只表笔接任意一端电阻片，慢慢将旋柄从一端旋转至另一端，万用表读数从零（或标称阻值）连续变化至标称阻值（或零)。

2.1.3 特种电阻

1. 熔断电阻器

熔断电阻器，即保险丝电阻器，是一种具有保险丝和电阻器双功能的元件。按工作方式可分为不可修复型和可修复型。熔断电阻器阻值用色环或数字表示，额定功率用尺寸大小表示或直接标注。

在电路中，当熔断电阻器熔断开路后，若发现熔断电阻器表面发黑或烧焦，可断定其负荷过重，通过它的电流超过额定值很多倍；若其表面无任何痕迹而开路，表明通过它的电流刚好等于或略大于额定熔断值。对于后一种情况，可用数字万用表欧姆挡（或指针式万用表 R×1 挡）检测，为保证测量准确，应将熔断电阻器一端从电路上焊下。若测得阻值无穷大，说明此熔断电阻器已失效开路。若测得阻值与标称值相差很远，说明电阻变值，不宜再用。还有少数情况为熔断电阻器在电路中被击穿短路，检测时应注意。

2. 热敏电阻

热敏电阻的典型特点是对温度敏感，不同的温度下表现出不同的电阻值。按照温度系数不同分为正温度系数热敏电阻（PTC）和负温度系数热敏电阻（NTC）。正温度系数热敏电阻在温度越高时电阻值越大，负温度系数热敏电阻在温度越高时电阻值越低。

热敏电阻用数字万用表欧姆挡（或指针式万用表 R×1 挡）检测。①常温检测（室温接近 25 ℃）：将两表笔接触热敏电阻两引脚测得实际阻值，与标称阻值相差很小表示正常，反之说明其性能不良或已损坏；②加温检测：在常温检测正常基础上，将一热源靠近热敏电阻对其加热，对于 PTC 万用表读数应随温度升高而增大，对于 NTC 万用表读数应随温度升高而减小。注意热源不宜靠得过近或直接接触。

3. 光敏电阻

光敏电阻是利用半导体的光电导效应制成的一种电阻值随入射光的强弱而改变的电阻器，又称光电导探测器；入射光强，电阻减小；入射光弱，电阻增大。还有另一种入射光弱，电阻减小，入射光强，电阻增大。根据光敏电阻的光谱特性，可分为紫外光敏电阻器、红外光敏电阻器和可见光光敏电阻器。

光敏电阻的检测用万用表欧姆挡。对于第一种光敏电阻，用黑纸片遮住，阻值应接近无穷大。此值越大说明光敏电阻性能越好，若很小或接近零，说明光敏电阻已烧穿损坏。将黑纸片慢慢移开，光敏电阻对准一光源，阻值应逐渐减小。若阻值不随黑纸片移开而变化，说明光敏材料已损坏。黑纸片完全移开后，阻值越小说明光敏电阻性能越好，若阻值很大甚至无穷大，说明光敏电阻内部开路损坏。

4. 压敏电阻

压敏电阻是一种具有非线性伏安特性的电阻器件，是一种限压型保护器件，主要用于在电路承受过压时进行电压钳位，吸收多余的电流以保护敏感器件。当加在压敏电阻上的电压低于其阈值时，流过它的电流极小，它相当于一个阻值无穷大的电阻，即相当于一个断开状态的开关。当加在压敏电阻上的电压超过其阈值时，流过它的电流激增，它相当于一个阻值无穷小的电阻，即相当于一个闭合状态的开关。

压敏电阻用数字万用表欧姆挡（或指针式万用表 R×1 k 挡）检测，测量压敏电阻两引脚之间的正、反向绝缘电阻，均为无穷大，否则说明漏电流大。若所测电阻很小，说明压敏电阻已损坏。

5. 排阻

排阻是将若干个参数完全相同的电阻集中封装在一起，组合制成的。排阻内部结构如图 2-4 所示。

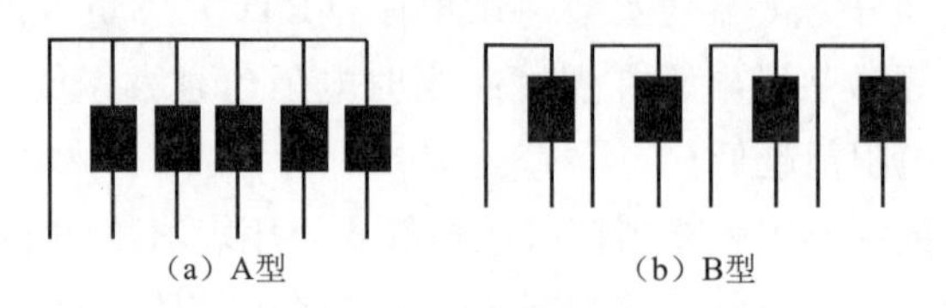

图 2-4　排阻内部结构

A 型排阻，将所有阻值相同的电阻的一个引脚连到一起，作为公共引脚。公共引脚用色点标出，一般在最左边。此种排阻有极性，公共脚为 1 脚。用万用表欧姆挡检测，将一支表笔接公共引脚，另一支表笔依次对每个电阻进行测量，其阻值应符合标称值。

B 型排阻，各个阻值相同的小电阻独立排列在一起，没有公共脚，没有极性，脚数一定为偶数。用万用表欧姆挡检测，将一支表笔接一奇数脚，另一支表笔接奇数脚右侧相邻的偶数脚，其阻值应符合标称值。

2.2　电 容 器

电容器是由两个金属电极中间夹一层绝缘电介质构成的，通常简称电容。当在两金属电极间加上电压时，电极上就会存储电荷，所以电容器是储能元件。电容器具有充放电特性和阻止直流电流通过，允许交流电流通过的功能。在电路中常用于耦合、滤波、退耦、高频消振、谐振、旁路、中和、定时、积分、微分、补偿、自举、分频等方面。

电容器按照结构可分为固定电容器、可变电容器和微调电容器。按电解质可分为有机介质电容器、无机介质电容器、电解电容器、电热电容器和空气介质电容器等。按用途可分为高频旁路、低频旁路、滤波、调谐、高频耦合、低频耦合、小型电容器。按制造材料可分为瓷介电容、涤纶电容、电解电容、钽电容、聚丙烯电容等。

国产电容器的型号一般由四部分组成（不适用于压敏、可变、真空电容器），如图 2-5 所示，依次分别代表名称、材料、分类和序号。

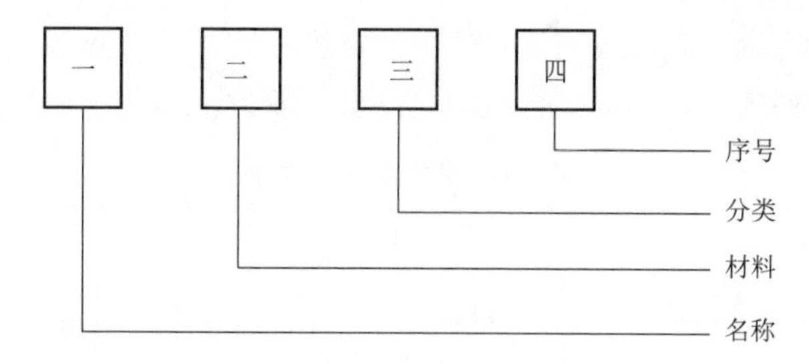

图 2-5　国产电容器型号表示法

第一部分名称，用字母 C 表示电容器。第二部分材料，用字母表示介质材料（A 钽电解、B 聚苯乙烯等非极性薄膜、C 高频陶瓷、D 铝电解、E 其他材料电解、G 合金电解、H 复合介质、I 玻璃釉、J 金属化纸、L 涤纶等极性有机薄膜、N 铌电解、O 玻璃膜、Q 漆膜、T 低频陶瓷、V 云母纸、Y 云母、Z 纸介）。第三部分分类，一般用数字表示，个别用字母表示，见表 2-5。第四部分序号，用数字表示产品序号（外形和性能不同）。如：CD11 铝电解电容器。

表 2-5　分类表示的意义

符号	瓷介电容	云母电容	有机电容	电解电容
1	圆形	非密封	非密封	箔式
2	管形	非密封	非密封	箔式
3	碟形	密封	密封	烧结粉，非固体
4	独石	密封	密封	烧结粉，固体
5	穿心		穿心	
6	支柱形等			
7				无极性
8	高压	高压	穿心	
9			特殊	特殊
G	高功率			
T	叠片式			
W	微调电容			

电容器的主要技术参数有标称容量、电容量允许误差和额定电压。电容器的电容量是指其加上电压后储存电荷能力的大小。电容量的单位为法拉（F）。常用单位有微法（μF）和皮法（pF），1 F=10^6 μF=10^{12} pF。标称容量是指标注在电容器上的名义电容量，其数值也有标称系列，同电阻阻值标称系列意义，也采用 E24、E12 和 E6 系列。电容量允许误差是指电容器实际容

量相对于标称容量的允许最大偏差范围。电容器容差等级见表 2-6。精密型电容器的允许误差较小，电解电容器的允许误差较大。

表 2-6　电容器容差等级

容差/%	±2	±5	±10	±20	+20 −30	+50 −20	+100 −10
级别	02	Ⅰ	Ⅱ	Ⅲ	Ⅳ	Ⅴ	Ⅵ

电容器的额定工作电压是指电容器允许使用的最高直流电压，一般都直接标注在电容器的外壳上。在使用电容器的时候绝对不允许电路工作电压超过额定工作电压，否则会将电容器击穿，造成不可修复的永久损伤。

电容器参数标注主要有直接表示法、字母表示法、色标表示法和数码表示法。对于无极性贴片电容的参数一般标注在整盘元器件上。

1. 直接表示法

直接表示法主要用于体积较大的电容上，一般至少标出标称容量、允许误差和额定电压。较小体积的电容仅标注标称容量。

2. 字母表示法

字母表示法是用数字和文字符号有规律的组合来表示容量，用 p、n、μ、m 分别表示 pF、nF、μF、mF。字母前为电容量的整数，字母后为电容量的小数。如 6P8 表示 6.8 pF、2μ2 表示 2.2 μF。

3. 色标表示法

色标表示法和电阻色环法相同。通常采用三环，前两环为有效数字，第三环为倍乘（零的个数），见表 2-7。电容器误差一般用字母表示，C 为 ±0.25 pF，D 为 ±0.5 pF，F 为 ±1%，J 为 ±5%，K 为 ±10%，M 为 ±20%。

表 2-7　电容器容值色环含义

颜色	棕	红	橙	黄	绿	蓝	紫	灰	白	黑
有效数字	1	2	3	4	5	6	7	8	9	0
倍乘	10^1	10^2	10^3	10^4	10^5	10^6	10^7	10^8	10^9	10^0

电容器工作电压色标表示法只适用于小型电解电容，并且色点应该标在正极引线的根部，见表 2-8。

表 2-8　电容器工作电压色标含义

颜色	棕	红	橙	黄	绿	蓝	紫	灰	黑
工作电压/V	6.3	10	16	25	32	42	50	63	4

4. 数码表示法

数码表示法一般采用三位数字，前两位数字为有效数字，第三位数字为倍乘（零的个数）。第三位若为 9，则电容量为前两位有效数字 $\times 10^{-1}$。如 $223=22\times 10^{3}$ pF。

对于电容器的选用，要求电容在电路中实际承受的电压不能超过它的耐压值。滤波电路中，电容的耐压值不要小于交流有效值的 1.42 倍。不同电路应该选用不同种类的电容。谐振回路可选用云母、高频陶瓷电容，隔直流可选用纸介、涤纶、云母、电解、陶瓷等电容，滤波可选电解电容，旁路可选涤纶、纸介、陶瓷、电解等电容。常用电容器见表 2-9。

表 2-9　常用电容器

名　称	电容量	额定电压	主要特点	应　用
涤纶（聚酯）电容 CL	40 pF～4 μF	63～630 V	体积小，容量大，耐热耐湿，稳定性差	对稳定性和损耗要求不高的低频电路
聚苯乙烯电容 CB	10 pF～1 μF	100 V～30 kV	稳定，低损耗，体积较大	对稳定性和损耗要求较高的电路
聚丙烯电容 CBB	1000 pF～10 μF	63～2000 V	性能与聚苯相似但体积小，稳定性略差	代替大部分聚苯或云母电容，用于要求较高的电路
云母电容 CY	10 pF～0.1 μF	100 V～7 kV	高稳定性，高可靠性，温度系数小	高频震荡，脉冲等要求较高的电路
高频瓷介电容 CC	1～68000 pF	63～500 V	高频损耗小，稳定性好	高频电路
低频瓷介电容 CT	10 pF～4.7 μF	50～100 V	体积小，价廉，损耗大，稳定性差	要求不高的低频电路
玻璃釉电容 CI	10 pF～0.1 μF	63～400 V	稳定性较好，损耗小，耐高温（200 ℃）	脉冲、耦合、旁路等电路
独石电容	0.5 pF～1 μF	两倍额定电压	电容量大，体积小，可靠性高，电容量稳定，耐高温耐湿性好，等等	广泛应用于电子精密仪器。各种小型电子设备做谐振、耦合、滤波、旁路
铝电解电容	0.47～10000 μF	6.3～450 V	体积小，容量大，损耗大，漏电大	电源滤波，低频耦合，去耦,旁路,等等
钽电解电容 CA	0.1～1000 μF	6.3～125 V	损耗、漏电小于铝电解电容	在要求高的电路中代替铝电解电容
铌电解电容 CN	0.1～1000 μF	6.3～125 V	损耗、漏电小于铝电解电容	在要求高的电路中代替铝电解电容

（续）

名　称	电容量	额定电压	主要特点	应　用
空气介质可变电容器	可变电容量 100～1500 pF		损耗小，效率高，可根据要求制成直线式、直线波长式、直线频率式及对数式等	电子仪器、广播电视设备等
薄膜介质可变电容器	可变电容量 15～550 pF		体积小，重量轻，损耗比空气介质的大	通信、广播接收机等
薄膜介质微调电容器	可变电容量 1～29 pF		损耗较大，体积较小	收录机、电子仪器等电路做电路补偿
陶瓷介质微调电容器	可变电容量 22 pF～0.3 μF		损耗较小，体积较小	精密调谐的高频振荡回路

电容安装前要检查有没有短路、断路和漏电等现象，并核对容值。电容器中电解电容是有正负极之分的。安装应特别注意，若安装反了，有可能使电解电容爆炸。在电解电容未剪管脚前，两根引脚中长的为正极、短的为负极。且电解电容表面，有一根引脚旁边标注了负号，此引脚为负极。

对于固定电容器和电解电容器的检测，在使用数字万用表测量时，可以将量程打在相应的电容挡上，然后将电容器插入万用表电容测试孔，或者两表笔分别接电容器两引脚，测量出电容器容值。但因为量程有限，电解电容器一般最大只能测量 20 μF。使用指针式万用表，①固定电容器 10 pF 以下的小电容可用 R×10k 挡测量，10 pF～0.01 μF 的固定电容可用 R×1k 挡测量，0.01 μF 以上固定电容可用 R×10k 挡测量；②电解电容 1～47 μF 的电解电容可用 R×1k 挡测量；大于 47 μF 的电解电容可用 R×100 挡测量。

对于可变电容器的检测，先用手轻轻旋动转轴，应感觉平滑，同时用手轻摸动片组的外缘，不应感觉有松脱。然后将载轴向各个反向推动时，转轴不应有松动现象。再用指针式万用表 R×10k 挡，将两表笔分别接可变电容器的动片和定片的引出端，将转轴缓缓旋动几个来回，万用表指针都应在无穷大位置不动。

2.3　电感器件

电感器件可分为应用自感作用的电感线圈和应用互感作用的变压器。

2.3.1　电感线圈

电感线圈，简称电感，主要用于调谐、振荡、耦合、匹配、滤波、陷波、延迟、补偿及偏转等电路中。电感按使用特征可分为固定和可调。按磁芯材料可分为空芯、磁芯和铁芯等。按结构可分为小型固定电感、平面电感和中周。常用的电感有空芯线圈、磁芯线圈、可调磁芯线圈、色码电感、铁芯线圈等。

电感的主要技术参数有电感量、感抗、品质因数、直流电阻、额定电流。电感量也称自感系数，是表示电感元件自感应能力的一种物理量。电感的单位为亨（H），常用单位有毫亨（mH）和微亨（μH），$1H=10^3 mH=10^6 \mu H$。

电感常用标注方法有直标法、色点标注法、数码表示法。直标法是将电感量用数字和单位直接标在外壳上。色点标注法与电阻色环标注类似，但顺序相反，一般四种颜色，前两种为有效数字，第三种为倍乘，第四种为允许误差，参考表 2-4 和表 2-7，单位为 μH。数码表示法通常采用三位数码表示，前两位为有效数字，第三位为倍乘，单位为 μH。

对于电感线圈的检测，精确测量需要专用电子仪表，也可使用万用表测量电感线圈的电阻大致判断其好坏。在使用线圈时，不要随便改变线圈的形状、大小和线圈的距离，否则会影响线圈原来的电感量。

2.3.2　变压器

变压器由初级线圈、次级线圈和铁芯组成。若初级线圈比次级线圈的圈数多是降压变压器，若初级线圈比次级线圈的圈数少是升压变压器。根据线圈之间的耦合材料不同，可分为高频变压器、中频变压器、低频变压器和脉冲电压器。变压器主要技术参数有变压比、效率、频率响应。对于变压器的检测，最简便的方法就是用万用表欧姆挡分别测量初级线圈和次级线圈的电阻值。

2.4　二 极 管

二极管是将一个 PN 结封装起来形成的电子元器件，它最大的特性就是单向导电，也就是电流只可以从二极管的一个方向流过。二极管可用于整流电路、检波电路、稳压电路、各种调制电路等。

二极管种类有很多，按所用的半导体材料可分为锗二极管（Ge 管）和硅二极管（Si 管）。按用途可分为检波二极管、整流二极管、稳压二极管、开关二极管、隔离二极管、肖特基二极管、发光二极管、硅功率开关二极管、旋转二极管等。按照管芯结构可分为点接触型二极管、面接触型二极管及平面型二极管。

国产二极管的型号规格一般都标注在二极管的管身上，由五部分组成，如图 2-6所示。

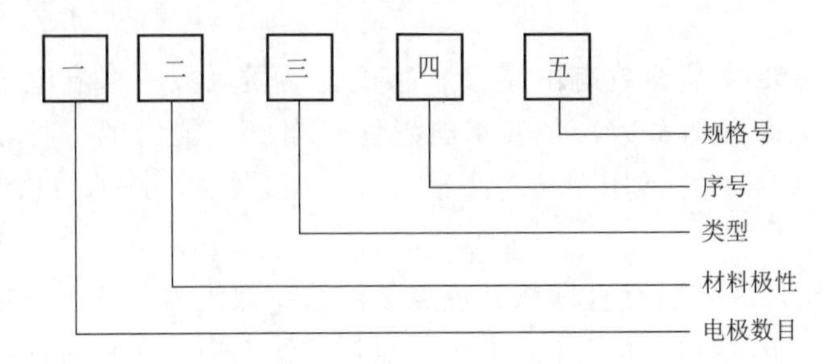

图 2-6　国产二极管型号

第一部分电极数目用 2 表示二极管。第二部分材料极性用字母表示，部分字母含义见表 2-10。第三部分类型用字母表示，部分字母含义见表 2-11。第四部分序号用数字表示。第五部分规格号用字母表示。

表 2-10　材料极性部分字母含义

字母	A	B	C	D
含义	N 型，锗材料	P 型，锗材料	N 型，硅材料	P 型，硅材料

表 2-11　类型部分字母含义

字母	含义	字母	含义	字母	含义
P	普通管	Z	整流管	U	光电器件
V	微波管	L	整流堆	K	开关管
W	稳压管	S	隧道管	B	雪崩管
C	参量管	N	阻尼管		

二极管的参数是用来表示二极管的性能好坏和适用范围的技术指标。不同类型的二极管有不同的特性参数。二极管主要技术参数有以下几个：

(1) 最大整流电流 I_F，是指二极管长期连续工作时，允许通过的最大正向平均电流值，其值与 PN 结面积及外部散热条件等有关。在规定散热条件下，二极管使用中不要超过二极管最大整流电流值。

(2) 最高反向工作电压 U_{drm}。加在二极管两端的反向电压高到一定值时，会将管子击穿，失去单向导电能力。为了保证使用安全，规定了最高反向工作电压值。

(3) 反向电流 I_{drm}，是指二极管在常温（25 ℃）和最高反向电压作用下，流过二极管的反向电流。反向电流越小，管子的单方向导电性能越好。反向电流与温度密切相关，大约温度每升高 10 ℃，反向电流增大一倍。

（4）最高工作频率 F_m，是二极管工作的上限频率。F_m 的值主要取决于 PN 结电容的大小。若超过此值。则单向导电性将受影响。

对于二极管的选用，应注意其正向特性、反向特性、击穿特性和频率特性。常用二极管特性见表 2-12。

表 2-12　常用二极管特性

名称	原理、特点	用　途
整流二极管	多用硅半导体制成，利用 PN 结单向导电性能	把交流电变为脉动直流，即整流
检波二极管	常用点接触式，高频特性好	把调制在高频电磁波上的低频信号检出来
稳压二极管	利用二极管反向击穿时两端电压不变原理	稳压限幅，过载保护，开关元件，广泛用于稳压电源装置之中
开关二极管	利用正偏压时二极管电阻很小，反偏压时电阻很大的单向导电性	在电路中对电流进行控制，起到接通或关断开关的作用
变容二极管	利用 PN 结电容随加到管子上的反向电压大小而变化的特性	在调谐等电路中取代可变电容器
高压硅堆	把多只硅整流器件的芯片串联起来形成一个整体的高压整流器件	用于高频、高压整流电路等
阻尼二极管	反向恢复时间小，能承受较高的反向击穿电压和较大峰值电流，既能在高频下工作又具有较低的正向电压降	多用于电视机行扫描电路中的阻尼、整流电路
发光二极管	正向电压为 1.5～3 V 时，只要正向电流通过，可发光	用于指示，可组成数字或符号的 LED 数码管

对于普通二极管的检测，使用数字万用表二极管挡，红表笔接二极管正级，黑表笔接二极管负极，可测量出二极管正向导通电压；使用指针式万用表，锗管用 R×100 挡，硅管用 R×1k 挡测量，正反向电阻相差越大越好。

直插件发光二极管长引脚为正极，短引脚为负极。将发光二极管对着光线看，管身中极片较小为正极，极片较大为负极。用数字万用表二极管挡测量，红表笔接发光二极管正极，黑表笔接其负极，发光二极管会发光，屏幕上会显示导通压降。贴片的 LED 灯珠一般管脚上有标识“—”（负极）。贴片 LED 5050 是正方形的，四个直角中有一个角带个小缺角，其他三个直角都没有小缺角，那么带小缺角的那端就是负极，另一端是正极。贴片 LED 0603 有颜色的一端为负极。贴片开关二极管 LL4148 带黑色色环的一端为负极。

2.5 三 极 管

三极管是由两个制作在一起的 PN 结加上相应的引出电极引线及封装组成，是一种控制电流的半导体器件，其作用是把微弱信号放大成幅度值较大的电信号，也用作无触点开关。

三极管按材质可分为硅管、锗管。按结构可分为 NPN 型、PNP 型。按功能可分为开关管、功率管、达林顿管、光敏管等。按功率可分为小功率管、中功率管、大功率管。按工作频率可分为低频管、高频管、超频管。按结构工艺可分为合金管、平面管。

国产三极管的型号规格一般都标注在三极管的管身上，由五部分组成，如图 2-7所示。

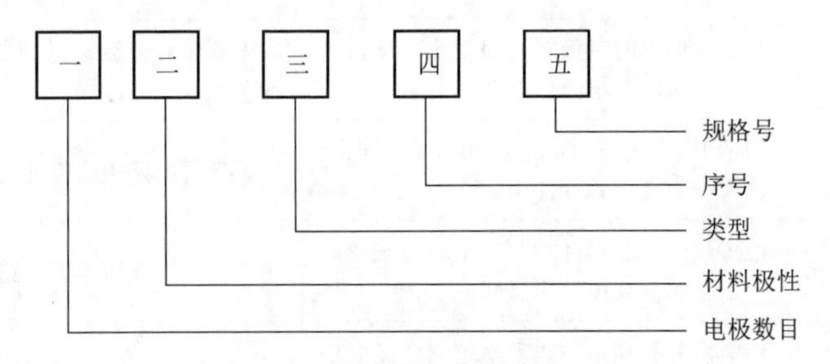

图 2-7 国产三极管型号

第一部分电极数目用 3 表示三极管。第二部分材料极性用字母表示，部分字母含义见表 2-13。第三部分类型用字母表示，部分字母含义见表 2-14。第四部分序号用数字表示。第五部分规格号用字母表示。

表 2-13 材料极性部分字母含义

字母	A	B	C	D
含义	PNP 型，锗材料	NPN 型，锗材料	PNP 型，硅材料	NPN 型，硅材料

表 2-14 类型部分字母含义

字母	含 义	字母	含 义
X	低频小功率管 (f_a<3 MHz，P_c<1 W)	D	低频大功率管 (f_a<3 MHz，P_c≥1 W)
G	高频小功率管 (f_a≥3 MHz，P_c<1 W)	A	高频大功率管 (f_a≥3 MHz，P_c≥1 W)

表征三极管特性的参数很多，可大致分为三类，即直流参数、交流参数和极限参数。直流参数包括共发射直流放大系数、集电极-基极反向饱和电流、集电极-发射极反向截止电流。交流参数包括共发射级交流放大系数、共基级交流放大系数、特征频率。极限参数包括集电极最大允许电流、集电极-发射极击穿电压、集电极最大允许功率损耗。

三极管外壳上常标有不同颜色的色点，以表明不同 h_{FE}值的范围。常用色点对 h_{FE}值分挡如下：

h_{FE}　—15 —25 —40 —55 —88 —120 —180 —270 —400 —

色标　棕　红　橙　黄　绿　蓝　紫　灰　白　黑

例如：一个标有灰色色点的三极管，其 h_{FE}在 180～270 之间。

在拿到一个三极管后，首先应确定三极管基极 B、集电极 C 和发射极 E。一般情况下，金属封装三极管管身上都有一个小凸起，将管脚朝向自己，靠近凸起的为集电极，顺时针方向分别为 C、B、E；塑封三极管一般有个平面，平面朝向自己，管脚向下，从左到右依次是 E、B、C；贴片三极管 SOT-23，将单独一个脚置于右边，单独一个脚为 C，顺时针方向分别为 C、E、B。

如果不能确定管脚，可用万用表测量。

方法一，用指针式万用表。①判断基极。用万用表 R×1k 挡，用万用表黑表笔接某一管脚（假设是基极），用红表笔分别接另外两个管脚，若表针指示两个阻值都很小，则黑表笔所接管脚便是 NPN 型三极管的基极；若表针指示的两个阻值都很大，则黑表笔所接管脚便是 PNP 型三极管的基级；若表针指示的阻值一个很大，一个很小，则黑表笔所接管脚不是基极，更换另一管脚再检测。②判断集电极和发射极。对于 PNP 三极管，用指针万用表 R×1k 挡，红表笔接基极，用黑表笔分别接另外两个管脚，阻值相对小的一组，黑表笔所接为集电极；阻值相对大的一组，黑表笔所接为发射极。对于 NPN 三极管，黑表笔接基极，用红表笔分别接另外两个管脚，阻值相对小的一组，红表笔所接为集电极，阻值相对大的一组，红表笔所接为发射极。在测量过程中，若 PN 结正向电阻无穷大，或 PN 结反向电阻为零，或 PN 结正反向电阻相差不大，则三极管已损坏。

方法二，用数字式万用表二极管挡。①判断基极：红表笔接某一管脚（假设基极），黑表笔分别接另外两个管脚。若两次都显示零点几伏电压（锗管 0.3 V 左右，硅管 0.7 V 左右），则此三极管为 NPN 型，红表笔所接管脚为基极；若两次所显示“OL”则此三极管为 PNP 型，红表笔所接管脚为基极。②判断集电极和发射极：对于 NPN 型三极管，红表笔接基极，黑表笔分别接另外两个管脚，测得电压较高的为发射极，较低的为集电极；对于 PNP 型三极管，黑表笔接基极，测量方法同 NPN 型；在测量过程中，若发射结、集电结正、反偏不正常，则三极管已损坏。

若判断三极管是锗管还是硅管，用数字万用表测量比较方便，测量基极和发射极 PN 结的正向压降，锗管一般为 0.2～0.3 V，硅管一般为 0.5～0.8 V。三极管的 h_{FE} 值（三极管放大倍数，β）可用数字万用表 h_{FE} 挡测量，将三极管对应插入 NPN 或 PNP 三极管的插孔内，即可测出。

2.6 集成电路

集成电路（IC）是将一些分立元器件及布线通过一定的工艺制作在半导体晶片或介质基片上，然后封装在一个管壳内，成为具有所需电路功能的微型结构。集成电路具有体积小，重量轻，引出线和焊接点少，寿命长，可靠性高，性能好等优点。

集成电路按功能、结构可分为模拟集成电路、数字集成电路和数/模混合集成电路。按制作工艺可分为半导体集成电路和膜集成电路（包括厚膜集成电路和薄膜集成电路）。按集成度高低的不同可分为小规模集成电路 SSIC、中规模集成电路 MSIC、大规模集成电路 LSIC、超大规模集成电路 VLSIC、特大规模集成电路 ULSIC、超特大规模集成电路 GSIC。按导电类型可分为双极型集成电路和单极型集成电路。

我国生产的集成电路型号由五部分组成，如图 2-8 所示。集成电路型号的符号和意义见表 2-15。

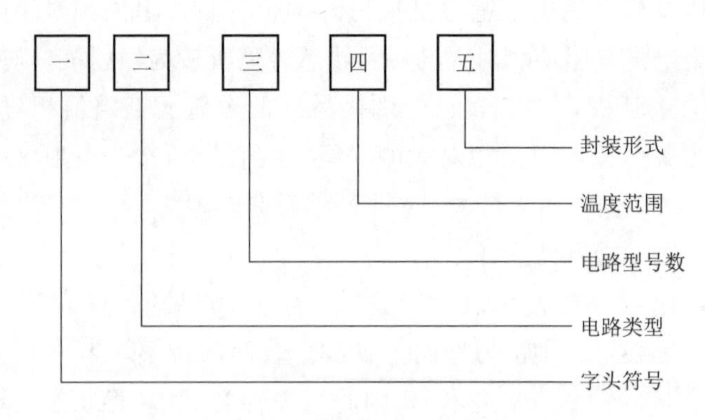

图 2-8 国产集成电路型号

表 2-15　集成电路型号符号和意义

第一部分 字头符号	第二部分 电路类型		第三部分 电路型号数	第四部分 温度范围		第五部分 封装形式	
	符号	意义	意义	符号	意义	符号	意义
C，表示符合国家标准	AD	A/D 转换器	用数字或字母表示器件的系列代号	C	0～70 ℃	B	塑料扁平
	B	非线性电路		R	−55～85 ℃	C	陶瓷芯片载体
	C	CMOS 电路		E	−40～85 ℃	D	多层陶瓷双列直插
	D	音响、电视电路		G	−25～70 ℃	E	塑料芯片载体
	DA	D/A 转换器		L	−24～85 ℃	F	多层陶瓷扁平
	E	ECL 电路		M	−55～125 ℃	G	网络针栅阵列
	F	线性放大器				H	黑瓷扁平
	H	HTL 电路				J	黑瓷双列直插
	J	接口电路				K	金属菱形
	M	存储器				P	塑料双列直插
	S	特殊电路				S	塑料单列直插
	T	TTL 电路				T	金属圆形
	W	稳定器					
	μ	微型机电路					

集成电路的主要技术参数分为电参数和极限参数。电参数包括静态工作电流、增益、最大输出功率。极限参数包括电源电压、功耗、工作环境温度、储存温度。

集成电路通常有扁平、单列直插、双列直插、金属圆外壳等几种封装形式。集成电路引脚排列序号的一般规律是：集成电路的引脚朝下，以缺口或识别标志（如小圆点、弧形凹口等）为准，引脚序号按逆时针方向排列 1、2、3 等，如图 2-9 所示。有些进口 IC 电路的管脚排序是反向的。这类 IC 的型号后面带有后缀字母“R”。型号后面无“R”的是正向型管脚，有“R”的是反向型管脚。

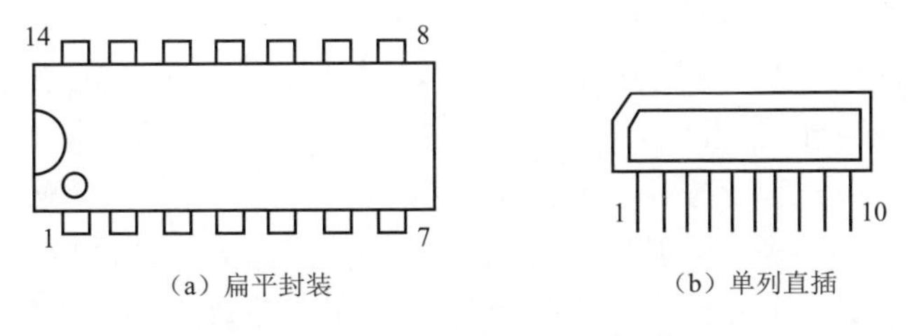

（a）扁平封装　　（b）单列直插

图 2-9　集成电路引脚排列序号

对于集成电路的检测，应先了解集成电路功能、内部电路、主要电气参数、各引脚的作用以及引脚的正常电压、波形与外围元件组成电路的工作原理，再选择合适的检测方法。下面介绍几种常用检测方法：①电压检查法，用万用表电压挡在线测量管脚对地电压，然后与标准值比较。一般是检测直流电压，必要时也可检测交流电压；②电流检查法，用万用表电流挡在线测量管脚直流电流，然后与标准值比较；③电阻检查法，用万用表欧姆挡测量管脚对地电阻，然后与标准值比较。测量分在路测量和非在路测量，注意检测时应不通电；④波形检查法，用示波器观察其波形并与标准波形比较。

2.7 其他元器件

2.7.1 场效应管

场效应晶体管（FET），简称场效应管，是一种利用电场效应来控制电流的管子，也称单极性三极管。场效应管输入阻抗高，噪声小，高频特性好，热稳定性好，特别适用于高灵敏、低噪声电路。

场效应管分为结型场效应管（JFET）和绝缘栅场效应管（MOS 管）两大类。按沟道材料型和绝缘栅型各分 N 沟道和 P 沟道两种；按导电方式可分为耗尽型与增强型，结型场效应管均为耗尽型，绝缘栅型场效应管既有耗尽型的，也有增强型的。

场效应管有 3 个电极。对应于三极管的 E、B、C，场效应管为源极 S、栅极 G 和漏极 D。场效应管检测方法也和三极管类似。

2.7.2 可控硅整流器

可控硅整流器（SCR），简称可控硅，是一种具有 3 个 PN 结的四层结构的大功率半导体器件，亦称晶闸管。可控硅是一种“以小控大”的功率（电流）型器件，具有体积小、结构相对简单、功能强、功耗低、效率高等特点，多用来作可控整流、逆变、变频、调压、无触点开关等。

可控硅分类方法有多种。按关断、导通及控制方式可分为普通可控硅、双向可控硅、逆导可控硅、门极关断可控硅（GTO）、BTG 可控硅、温控可控硅和光控可控硅等。按封装形式可分为金属封装可控硅、塑封可控硅和陶瓷封装可控硅 3 种类型。其中，金属封装可控硅又分为螺栓形、平板形、圆壳形等多种；塑封可控硅又分为带散热片型和不带散热片型两种。按电流容量可分为大功率可控硅、中功率可控硅和小功率可控硅 3 种。通常，大功率可控硅多采用金属壳封装，而中、小功率可控硅则多采用塑封或陶瓷封装。按关断速度可分为普通可控硅和高频（快速）可控硅。

可控硅有3个电极，分别是阳极（A）、阴极（K）和控制极（G）。用万用表测量，黑表笔接G，红表笔接K，应有正向电阻值，红表笔再接A，阻值应无穷大；红表笔接G，黑表笔接K，应有反向电阻值，黑表笔再接A，阻值应无穷大；A、K之间正反向电阻值都应为无穷大。这样的可控硅一般是好的。

第3章 常见电子仪器设备使用方法

3.1 万用表

万用表是电子元器件测量以及电子产品安装过程中不可缺少的工具，一般以测量电压、电流和电阻为主要目的。万用表早期为指针型万用表，现在一般使用数字万用表。数字万用表DMM（digital multimeter），将被测量信号转换为数字电压并被放大，然后由数字显示屏直接显示该值。

数字万用表的主要技术指标是准确度（精度）和分辨率，数字式万用表随着仪表的位数增多，这两项指标也相应提高。例如，三位半的数字万用表的显示位数为4位，最大显示数字是1999，分辨率达到0.5‰；而四位半的数字万用表的显示位数为5位，最大显示数字为19999，分辨率达到0.05‰；后面依次类推。

数字式万用表根据外形可分为手持式万用表和台式万用表。下面就以常用的UT-61A为例，来介绍一下手持式数字万用表的功能、使用范围及方法。

3.1.1 手持式数字万用表的外形及功能介绍

手持式数字万用表的外形结构图如图3-1所示：①LCD显示窗；②按键组，用于选择各种测量附加功能；③蓝色功能选择键SELECT；④功能量程旋钮开关；⑤输入端口。

下面分别按区域来介绍数字万用表的外形、按键及功能。

1. LCD显示窗

（1）H数据保持提示符，即提示是否按下了HOLD键，便于记录测量数据。

（2）Ⓒ具备自动关机功能提示符。

（3）—显示负的读数。

（4）AC 交流测量提示符，表示测量的是交流。

（5）DC 直流测量提示符，表示测量的是直流。

（6）AUTO 或 autorange 自动量程提示符，万用表自动选择量程，测量结果带有单位显示在 LCD 屏幕上。

（7）MANU 手动量程提示符，即手动选择量程。

（8）OL 超量程提示符，代表所测数据值超过选择的量程。

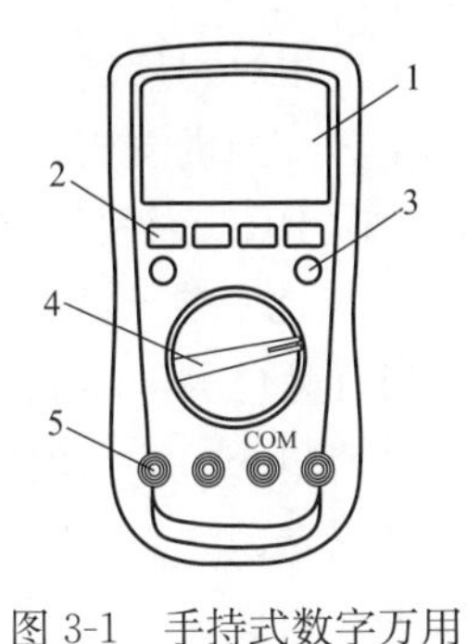

图 3-1　手持式数字万用表的外形结构图

1—LCD 显示窗；2—按键组；3—功能选择键；4—旋转开关；5—输入端口

（9）h_{FE}三极管放大倍数提示符。

（10）→⊢二极管测量提示符，显示为测量二极管挡位。

（11）•))电路通断测量提示符，显示为蜂鸣挡位。当红黑表笔所测两点之间阻值小于 10 Ω 时，蜂鸣挡蜂鸣。

（12）MAX/MIN 最大或最小值提示符。

（13）S接口输出提示符。

（14）电池欠压提示符，提示要更换电池。

（15）△电磁场感应探测方位提示符。

（16）△相对测量提示符。

（17）单位提示符：有 Ω、kΩ、V、mV、A、β、μF 等单位符号。

2. 按键组

（1）数据保持键（HOLD）。在任何测量情况下，当点击 HOLD 键时，LCD 显示“H”，仪表随即保持显示测量结果，进入保持测量模式，便于测试者将数据记录下来。再点击一次 HOLD 键，仪表退出保持测量模式，随机显示当前测量结果。

（2）手动量程选择键（RANGE）。点击 RANGE 键自动退出自动量程进入手动量程模式。再点击一次 RANGE 键变换一挡量程，以此循环手动换量程。当按下 RANGE 键时间约超过 2 s 则退出手动量程重返自动量程模式。

（3）最大、最小值测量键 MAX/MIN。点击 MAX/MIN 键，进入当前量程手动模式并开始保持测量最大值 MAX 和最小值 MIN，LCD 显示最大值 MAX。再点击一次显示最小值 MIN。依次点击 MAX/MIN 键可循环显示最大、最小值。当按下 MAX/MIN 键时间超过 2 s 则退出最大、最小值测量模式，并返回到当前测量手动量程挡位。

(4) 相对测量键 REL△。点击 REL△能自动记录当前测量值 a 并复零，进入相对 a 测量模式。在以后每次测量结果中会自动减去 a 值后再显示，再点击一次 REL△键便退出相对测量模式。

3. 蓝色功能选择键 (SELECT)

当有蓝色测量功能复合在同一个功能挡位时，点击蓝色圆按键可以选择所需要的测量功能。例如，测量电阻 Ω、测量二极管➜|、测量电路通断•))及测量电容均复合在同一个挡位，需要手动选择复选键 SELECT，找到相应功能进行测量。

4. 功能量程旋钮开关

功能量程旋钮开关说明见表 3-1。

表 3-1 功能量程旋钮开关说明

开关位置	功能说明
V ≂ mV ≂	交直流电压测量
Ω	电阻测量
➜|	二极管、PN 结正向压降测量
•)))	电路通断测量
┤├	电容测量
Hz%	频率及占空比测量
h_{FE}	三极管放大倍数 β 测量
μA ≂ mA ≂ A ～	μA 交直流电流测量 mA 交直流电流测量 10 A 交直流电流测量
EF	电磁感应探测
OFF	仪表关机

功能量程旋钮开关有功能复合挡位，即几种测量功能复合在同一个挡位。在复合挡位就需要用到功能复合键 SELECT，手动选择需要的挡位，再进行测量。在测量完毕之后，一定要把旋钮开关转动到 OFF 挡位，万用表关机。

5. 输入端口

万用表底部有四个输入端口，可以插入红黑表笔或者专用的转换插座，用来接入测量信号。当使用红黑表笔时，黑表笔始终插在 COM 端口，红表笔根据测量的项目不同分别插在其他 3 个端口。测较大电流（不超过 10 A）时，红表笔插入 10 A MAX 端口；测较小电流时，红表笔插入 mA、μA 端口；测量电容、电阻、电压时，红表笔插入最后一个端口。

当测量三极管和贴片元器件时，可将红黑表笔拔出，插入万用表专用的转换插座进行测量。

3.1.2 手持式万用表的使用

手持式万用表的使用步骤如下：

（1）根据被测量值选择使用表笔或者转换插座。例如，如果要测量三极管的放大倍数，就需要使用转换插座；如果要测量电流、电压、二极管等，就需要使用红黑表笔。然后，将转换插座或者红黑表笔插入正确的端口。特别注意：没法预估电流大小的时候，从最大挡位开始测量，避免烧表。测量电流时，不能超过 10 A；测量电压时，不能超过 1 000 V DC 和 750 V AC。

（2）将旋钮开关转向正确的挡位，如果屏幕无显示或者提示电池欠压，那么打开万用表后盖，更换一节新的 9 V 电池。

如需要测电阻，那么把旋钮开关转到 Ω 挡，将黑表笔插入 COM 插口，红表笔插入 V、Ω 插口，将红黑表笔两端分别接触电阻两端，然后在 LCD 显示窗读数，并注意带上屏幕显示的电阻单位 Ω、kΩ 或 MΩ，如果屏幕显示“OL”，代表所测电阻超过了万用表的量程，或者表笔接触不良。需要注意的是：在测电阻的时候双手不要触碰表笔的金属部分。

测二极管的时候，把旋钮开关转到 Ω 挡，由于是复合挡位，需要按下蓝色圆按键 SELECT 来进行挡位选择，并且注意一定要红表笔接触二极管的正极，黑表笔接触二极管的负极。在进行在线电阻、二极管的测量之前，必须将被测器件所在电路中所有的电源切断，并将所有的电容器放尽残余电荷。

测量电容时，把旋钮开关转到 Ω 挡，按下蓝色圆按键 SELECT 来进行挡位选择。此时万用表 LCD 显示窗显示 10 nF，这是万用表的内电容，那么低于这个容值的电容测量基本无意义，nF 数量级的电容测量值则需要减去这个 10 nF才是实测值。在电解电容测量的时候要注意红表笔接电容正极，黑表笔接电容负极。

Ω 挡的复合键中还有一个蜂鸣挡位，在实际运用中使用得也很多，用来检测红黑表笔接触两点之间的通断。当两点之间电阻小于 10 Ω 时，万用表蜂鸣，显示两点之间是通路或者短路。通路之间不蜂鸣，说明有虚焊或接触不良；断路之间蜂鸣，则说明出现了短路。那么，根据万用表的测量结果，进行调整，找出电路当中的虚焊点或者短路点。

测三极管的时候，需要用到转换插座，首先将转换插座正确插入相应孔位，再将旋钮开关转到 h_{FE} 挡位，根据所测三极管的型号是 NPN 或者 PNP，在转换插座上插入相应孔位，最后在显示窗读数，即为三极管的放大倍数 β 值。

测电压的时候，测量高于直流 60 V 或者交流 30 V 以上的电压时，务必小心谨慎，切记手指不要超过表笔护指位，以防触电。转到电压挡位，默认是直流挡位，如选择测量交流电压，需要用到蓝色圆按键 SELECT，红表笔接正极，黑表笔接负极，然后读数，注意单位，V 或者 mV。

测电流时，旋钮开关转到 μA、mA 或 A，用 SELECT 键来选择测交流电或直流电，红表笔需要换到电流孔位 mA、μA 或 A。在测电流之前，先将被测电路关闭，分辨出正负极，红表笔接正极，黑表笔接负极。待万用表可靠连接到电路上之后，再开通被测电路进行测量，电流最大不能超过 10 A。

(3) 利用万用表测量完毕，将测量数据记录下来，把旋钮开关拨到 OFF 挡位，关机。整理万用表转换插座及红黑表笔，放入盒子收好。

3.1.3 台式万用表

台式万用表的外形如图 3-2 所示。

图 3-2 台式万用表的外形

台式万用表跟手持式万用表相比，台式万用表测量精度更高、显示的数据更丰富，除了可测量的数据类型更多外，还支持数学功能。此外，台式万用表还拥有更为丰富的通信接口，比如支持 RS-232、USB、LAN 等，可以更为方便地和计算机进行通信。

但是台式万用表体积较大，没有手持式万用表使用方便，主要应用于实验室或者车间这些无须移动又需要高精度测量的场合。

台式万用表的使用视频

台式万用表的使用方法同手持式万用表类似，首先，需要把台式万用表的电源线接 220 V 电源，再打开电源开关。将黑表笔插入 COM 输入端口，红表笔插入蜂鸣、二极管、电阻、电容、电压输入端口，按下蜂鸣挡位键，将两个表笔短接，如蜂鸣说明表笔正常接通，否则说明表笔没有接好或者表笔出现问题。在测量时，将红黑表笔插入正确端口，再选择好相应挡位键，万用表默认是“AUTO”自动量程，可根据需要选择手动量程，“Δ”为升量程，“▽”为降量程，如不能确定被测量的大小范围时，应将功能按键置于最大量程位置。

台式万用表需要注意一些事项避免误操作造成烧表。测量电压的时候，千万注意不要把表笔插在测量电流的孔位里，容易短路、烧坏电表或造成其他安全事故。功能量程转换之前，必须断开表笔与被测电路的连接，严禁在测量进行中进行挡位转换，防止损坏万用表。同样，测量高于直流 60 V 或者交流 30 V 以上的电压时，请务必小心谨慎。

3.2　示 波 器

示波器是一种用途十分广泛的电子测量仪器。它能把肉眼看不见的电信号变换成看得见的图像，便于人们研究各种电现象的变化过程。利用示波器能观察各种不同信号幅度随时间变化的波形曲线，还可以用它测试各种不同的电量，如电压、电流、频率、相位差、调幅度等。

示波器按照信号的不同分为模拟示波器和数字示波器。

模拟示波器采用的是模拟电路（示波管，其基础是电子枪）电子枪向屏幕发射电子，发射的电子经聚焦形成电子束，并打到屏幕上。屏幕的内表面涂有荧光物质，这样电子束打中的点就会发出光来。

数字示波器则是由数据采集、A/D 转换、软件编程等一系列的技术制造出来的高性能示波器。数字示波器的工作方式是通过模拟转换器（ADC）把被测电压转换为数字信息。数字示波器捕获的是波形的一系列样值，并对样值进行存储，存储限度是判断累计的样值是否能描绘出波形为止，随后，数字示波器重构波形。数字示波器可以分为数字存储示波器（DSO）、数字荧光示波器（DPO）和采样示波器。

模拟示波器要提高带宽，需要示波管、垂直放大和水平扫描全面推进。数字示波器要改善带宽只需要提高前端的 A/D 转换器的性能，对示波管和扫描电路没有特殊要求。加上数字示波管能充分利用记忆、存储和处理，以及多种触发和超前触发能力。20 世纪 80 年代数字示波器异军突起，大有全面取代模拟示波器之势，现在模拟示波器也的确从前台退到后台。

下面以 DS1000Z 示波器为例，讲解一下示波器的结构和使用。

DS1000Z 是一款 100 MB 带宽的数字示波器，其前面板如图 3-3 所示，前面板各按键和旋钮功能见表 3-2。

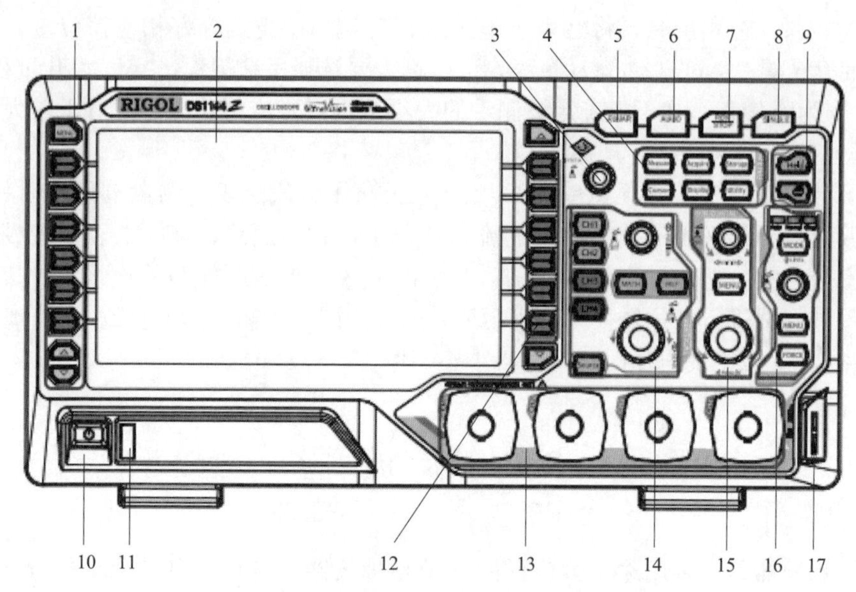

图 3-3 DS1000Z 示波器前面板

表 3-2 DS1000Z 示波器前面板各按键和旋钮功能

编号	说明	按键旋钮	按键旋钮使用说明
1	菜单控制键		
2	LCD		
3	多功能旋钮		非菜单操作时，旋转可调整波形显示亮度 菜单操作时（背灯亮），可用于选择和确定子菜单，也可用于修改参数等
4	功能菜单键	Measure	按下进入测量设置菜单
		Acquire	按下进入采样设置菜单
		Storage	按下进入文件存储和调用界面
		Cursor	按下进入光标测量菜单
		Display	按下进入显示设置菜单
		Utility	按下进入系统功能设置菜单
5	全部清除键	CLEAR	按下清除屏幕上所有波形。若示波器处于“RUN”状态，则继续显示新波形
6	波形自动显示	AUTO	按下启用波形自动设置功能
7	运行/停止控制键	RUN/STOP	按下将示波器运行状态设置为运行（黄灯亮）或停止（红灯亮）
8	单次触发控制键	SINGLE	按下将示波器触发方式设置为 Single，即按 FORCE 键立即产生一个触发信号

（续）

编号	说明	按键旋钮	按键旋钮使用说明
9	内置帮助/打印键	Help	按下查看使用帮助
		[打印键]	按下将屏幕图形保存到U盘
10	电源键		按下接通电源，再按一下关闭电源
11	USB　HOST接口		
12	功能菜单设置软键		
13	模拟通道输入区		
14	垂直控制区	CH1、CH2、CH3、CH4	按下任一按键打开相应模拟输入通道菜单，再次按下关闭
		MATH	按下打开数学运算菜单
		REF	按下打开参考波形，可将实测波形与参考波形进行比较
		Source	按下进入信号源设置界面，可打开/关闭Source1/2，可对输出信号编辑，查看当前信号状态
		POSITION	旋转，修改当前通道波形的垂直位移 按下，快速将垂直位移归零
		SCALE	旋转，修改当前通道波形的垂直挡位 按下，快速切换垂直挡位调节方式为粗调或微调
15	水平控制区	POSITION	旋转，修改水平位移 按下，快速复位水平位移（或延迟扫描位移）
		MENU	按下打开水平控制菜单，可开关延迟扫描，切换不同时基模式
		SCALE	旋转，修改水平时基 按下，快速切换至延迟扫描状态
16	触发控制区	MODE	按下切换触发方式Auto、Normal或Single
		LEVEL	旋转，修改触发电平 按下，快速将触发电平恢复至零点
		MENU	按下打开触发操作菜单
		FORCE	按下将强制产生一个触发信号
17	探头补偿器输出端/接地端		

前面板编号2-LCD显示屏幕上的显示如图3-4所示，其说明见表3-3。

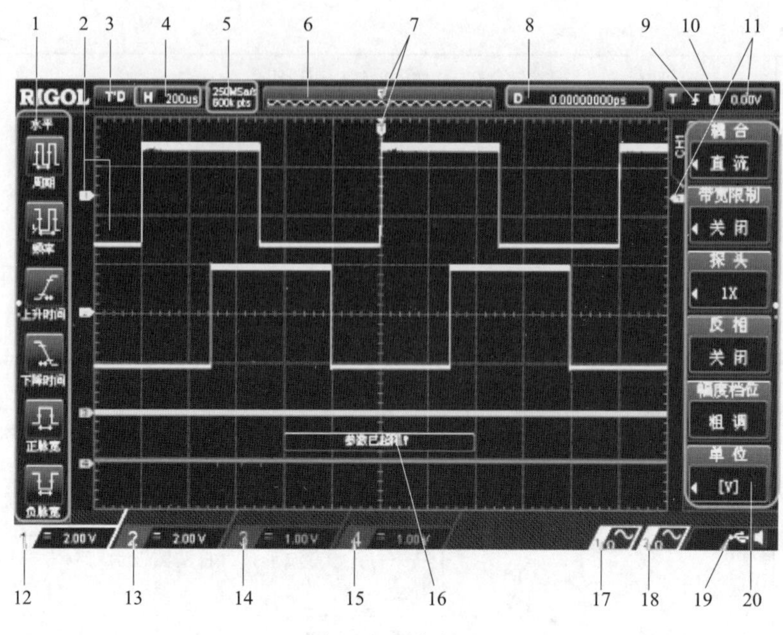

图 3-4　用户界面

表 3-3　用户界面说明

编号	说明	编号	说明	编号	说明
1	自动测量选项	8	水平位移	15	CH4 垂直挡位
2	通道标记/波形	9	触发类型	16	消息框
3	运行状态	10	触发源	17	源 1 波形
4	水平时基	11	触发电平	18	源 2 波形
5	采样率/存储深度	12	CH1 垂直挡位	19	通知区域
6	波形存储器	13	CH2 垂直挡位	20	操作菜单
7	触发位置	14	CH3 垂直挡位		

DS1000Z 提供 4 个模拟输入通道 CH1～CH4，每个通道均可以独立控制。将一个信号接入任一通道（如 CH1）的通道连接器后，然后按下 CH1 开启通道。打开通道后，根据输入信号调整通道的垂直挡位、水平时基以及触发方式等参数，使波形显示易于观察和测量。时基模式一般默认 YT 模式，Y 轴表示电压量，T 轴表示时间量。若选择 XY 模式，示波器将两个输入通道从电压-时间显示转化为电压-电压显示，通过李沙育法可方便地测量相同频率的两个信号之间的相位差。

DS1000Z 示波器提供 24 种波形参数的自动测量以及对测量结果的统计和分析功能。还可用频率计实现更精确的频率测量。当示波器正确连接并检测到输入信号时，按 AUTO 键启用波形自动设置功能并打开功能菜单。按屏幕左侧的 MENU 键下面对应的软键，可快速测量 24 种波形参数，测量结果将出现在屏幕底部。也可以用光标进行测量。DS1000Z 示波器可以测量当前测量源的所有时间和电压参数并显示在屏幕上，可选择 CH1、CH2、CH3、CH4 四个测量源同时测量。

DS1000Z 可实现通道间波形的多种数学运算，包括加法（A+B）、减法（A−B）、乘法（A×B）、除法（A÷B）、傅里叶变换 FFT、“与”运算 A&B、“或”运算 A‖B、“异或”运算 A∧B、“非”运算！A、积分 intg、微分 diff、平方根 sqrt、以 10 为底的对数 lg、自然对数 ln、指数 exp 和绝对值 abs。按前面板垂直控制区中的 MATH→Math→运算符，选择所需的运算功能。打开运算后，数学运算结果显示在屏幕上标记为“M”的波形上。数学运算结果还允许进一步测量。

3.3　信号发生器

信号发生器是一种能提供各种频率、波形和输出电平信号的设备，又称信号源。在测量各种电信系统或电信设备的振幅特性、频率特性、传输特性及其他电参数时，以及测量元器件的特性与参数时，用作测试的信号源或激励源。在生产实践和科技领域中有着广泛的应用。

信号发生器分为正弦信号发生器、低频信号发生器、高频信号发生器、微波信号发生器、扫频和程控信号发生器、频率合成式信号发生器、函数发生器、脉冲信号发生器、随机信号发生器、噪声信号发生器、伪随机信号发生器。其中函数发生器又称波形发生器，能产生某些特定的周期性时间函数波形（主要是正弦波、方波、三角波、锯齿波和脉冲波等）信号。

下面就 DG1022U 25 MHz 函数/任意波形发生器讲解一下信号发生器的结构和使用。DG1022U 前面板如图 3-5 所示，后面板如图 3-6 所示。

DG1022U 前面板模式/功能键区域有 6 个按键，其说明见表 3-4。数字键盘、方向键和旋钮可用于参数输入。Output 键是启用/禁用对应的输出连接器输出信号；在频率计模式下，CH2 作为频率计的信号输入端。

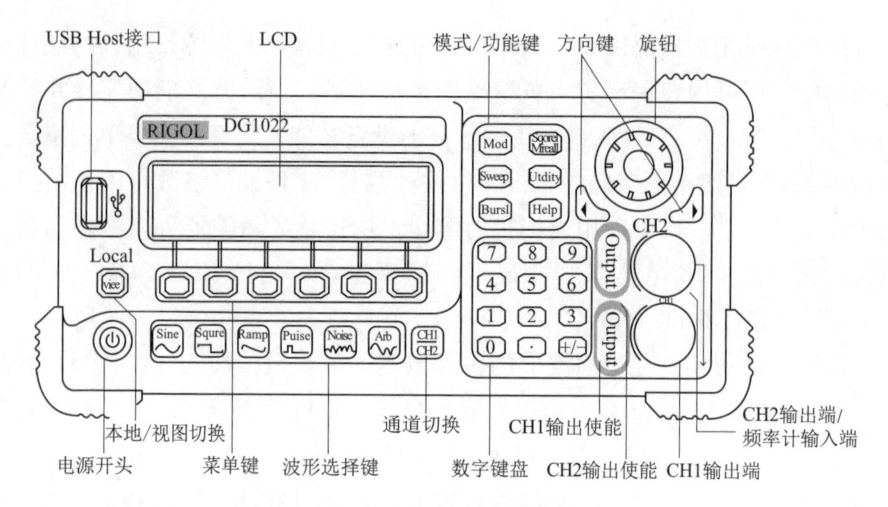

图 3-5　DG1022U 前面板

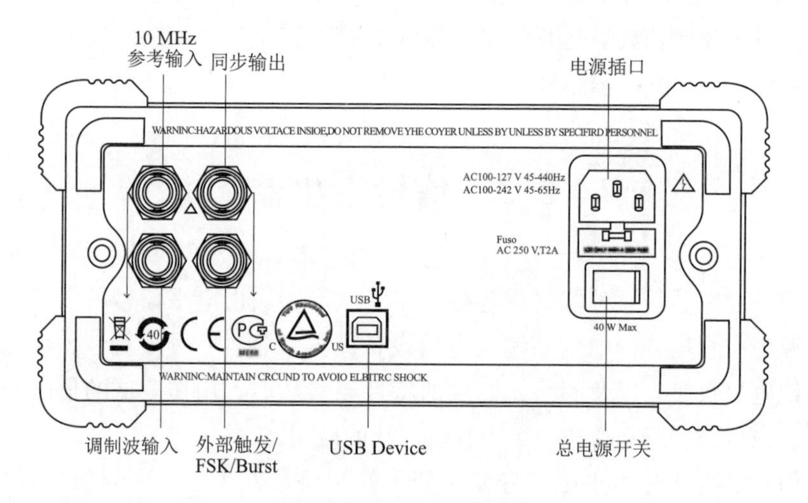

图 3-6　DG1022U 后面板

表 3-4　模式/功能键区域按键说明

按键	说　明
Mod	按下可输出经过调制的波形
Sweep	按下可对正弦波、方波、锯齿波或任意波形产生扫描
Burst	按下可产生正弦波、方波、锯齿波、脉冲波或任意波形的脉冲串波形输出
Store/Recall	按下可存储或调出波形数据和配置信息
Utility	按下可设置同步输出开关、输出参数、通道耦合等，查看接口设置和系统设置信息，执行仪器自检和校准
Help	按下可查看帮助信息列表

DG1022U 的 LCD 显示屏有 3 种界面显示模式（见图 3-7）：单通道常规显示模式、单通道图形显示模式和双通道常规显示模式，并可以通过前面板的“View”键切换。

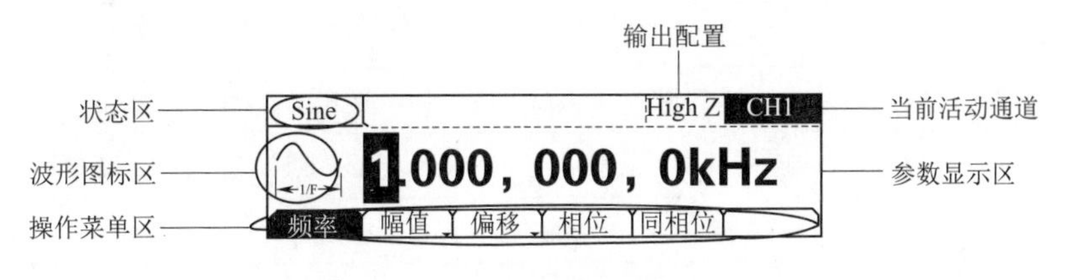

（a）单通道常规显示模式

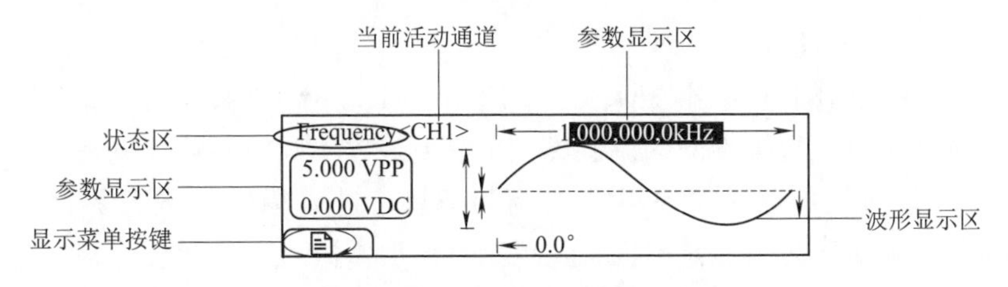

（b）单通道图形显示模式

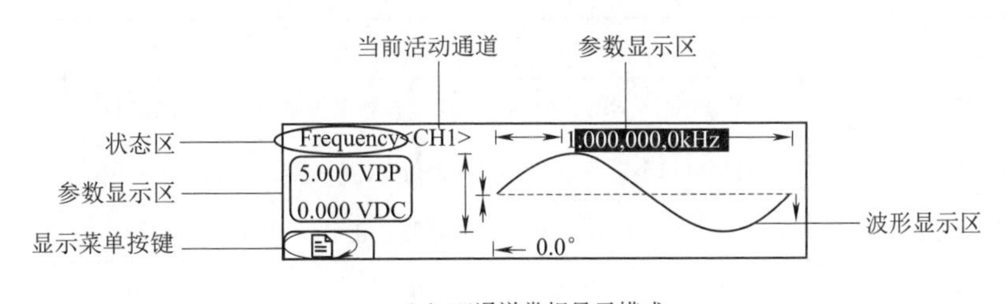

（c）双通道常规显示模式

图 3-7　用户界面

DG1022U 能设置基本波形、任意波形、调制波形、扫频波形和脉冲串波形。

1. 基本波形/任意波形设置

DG1022U 可输出正弦波、方波、锯齿波、脉冲波、噪声波 5 种基本波形。内建 48 种任意波形，并提供 10 个非易失性存储位置以存储用户自定义的任意波形。在其操作面板左侧下方有 6 个波形选择键，分别为正弦波 Sine、方波 Square、锯齿波 Ramp、脉冲波 Pulse、噪声波 Noise 和任意波 Arb，按下波形选择键，进入相应的波形设置界面，波形不同，可设置的参数也不同，见表 3-5。

表 3-5 基本波形/任意波形可设置参数

波形名称	可设置的参数
正弦波	频率/周期，幅值/高电平，偏移/低电平，相位
方波	频率/周期，幅值/高电平，偏移/低电平，占空比，相位
锯齿波	频率/周期，幅值/高电平，偏移/低电平，对称性，相位
脉冲波	频率/周期，幅值/高电平，偏移/低电平，脉宽/占空比，延时
噪声波	幅值/高电平，偏移/低电平
任意波	频率/周期，幅值/高电平，偏移/低电平，相位

2. 调制波形设置

CH1 可输出幅度调制 AM、频率调制 FM、频移键控 FSK 和相位调制 PM 四种调制波。根据不同的调制类型，需要设置不同的参数（见表 3-6）。按下“MOD”按键，选择需要设置的调制类型，进入相应的设置界面。按下“View”键可切换为图形显示模式，可查看波形参数。

表 3-6 调制波形可设置参数

波形名称	可设置的参数
AM 调制波	类型（AM），内调制（深度、频率、调制波）/外调制
FM 调制波	类型（FM），内调制（频偏、频率、调制波）/外调制（频偏）
FSK 调制波	类型（FSK），内调制（跳频、速率）/外调制（跳频）
PM 调制波	类型（PM），内调制（相移、频率、调制波）/外调制（相移）

3. 扫频波形设置

CH1 在扫频模式下，可在指定扫描时间内从开始频率到终止频率输出扫频波形。可使用正弦波、方波、锯齿波或任意波形产生扫频波形，不允许扫描脉冲、噪声和 DC。按“Sweep”键进入扫频波形设置界面，可设置的参数有：线性/对数，开始/中心，终止/范围，时间和触发。

示波器和信号发生器的使用视频

4. 脉冲串波形设置

CH1 在脉冲串模式下，可输出多种波形的脉冲串。按“Burst”键进入脉冲串波形设置界面。N 循环模式下可设置循环数，相位，周期，延迟，触发；门控模式下可设置极性，相位。

在使用时，设定好输出信号的参数，将信号用信号线引出即可。

3.4　直流稳压电源

稳压电源是能为负载提供稳定交流电源或直流电源的电子装置。稳压器除了最基本的稳定电压功能以外，还应具有过压保护（超过输出电压的+10%）、欠压保护(低于输出电压的−10%)、缺相保护、短路过载保护最基本的保护功能。稳压电源的分类方法很多，按输出电源的类型分有直流稳压电源（包含线性和开关型）和交流稳压电源；按稳压电路与负载直流稳压电源的连接方式分有串联稳压电源和并联稳压电源；按调整管的工作状态分有线性稳压电源和开关稳压电源；按电路类型分有简单稳压电源和反馈型稳压电源，等等。

由于电子技术的特性，电子设备对电源电路的要求就是能够提供持续稳定、满足负载要求的电能，而且通常情况下都要求提供稳定的直流电能。提供这种稳定的直流电能的电源就是直流稳压电源。直流稳压电源在电源技术中占有十分重要的地位。

交流稳压电源是用其输出功率来描述，直流稳压电源是用其输出电压、电流范围来描述。应用较多的是直流稳压电源。下面就 GPS-3303C 多组输出直流电源供应器为例讲解一下直流稳压电源的结构和使用。

GPS-3303C 多组输出直流电源供应器是稳压稳流两用电源，提供两组独立的输出（最大电压 30 V，最大电流为 3 A）及一组固定 5 V 直流电压输出，可选择独立输出、串联输出和并联输出。两路独立输出，从 0 到额定电压和 0 到额定电流输出；两路串联输出，在额定电流时，可输出从 0 到±额定电压，或从 0 到 2 倍的额定电压；两路并联输出，在额定电压时，可输出从 0 到 2 倍的额定电流。另一路为固定输出电压 5 V，最大电流 3 A 的直流电源。电压、电流调节为连续可调。根据两个不同值的电压源不能并联，两个不同值的电流源不能串联的原则，在电路设计上将两路0～30V 直流稳压电源在独立工作时的电压、电流独立可调，并由两个电压表和两个电流表分别指示；在用作串联或并联时，两个电源分为主路电源和从路电源。

直流稳压电源的使用视频

GPS-3303C 前面板如图 3-8 所示，其说明见表 3-7。

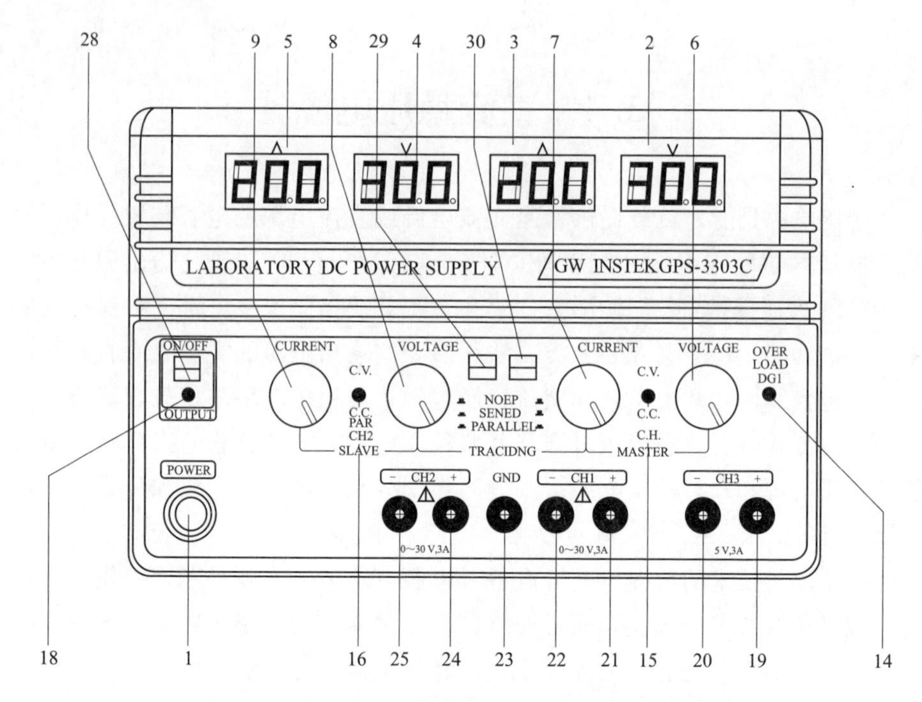

图 3-8　GPS-3303C 前面板

表 3-7　GPS-3303C 前面板说明

序号	按键旋钮	说　明
1	POWER	电源开关
2	Meter V	显示 CH1 或 CH3 的输出电压
3	Meter A	显示 CH1 或 CH3 的输出电流
4	Meter V	显示 CH2 的输出电压
5	Meter A	显示 CH2 的输出电流
6	VOLTAGE Control Knob	调整 CH1 输出电压。并在并联或串联追踪模式时，用于 CH2 最大输出电压的调整
7	CURRENT Control Knob	调整 CH1 输出电流。并在并联模式时，用于 CH2 最大输出电流的调整
8	VOLTAG Control Knob	用于独立模式的 CH2 输出电压的调整
9	CURRENT Control Knob	用于 CH2 输出电流的调整
14	OVERLOAD 指示灯	当 CH3 输出负载大于额定值时，此灯就会亮
15	C. V. /C. C. 指示灯	当 CH1 输出在恒压源状态时，或在并联或串联追踪模式，CH1 和 CH2 输出在恒压源状态时，C. V. 灯（绿灯）就会亮。当 CH1 输出在恒流源状态时，C. C. 灯（红灯）就会亮

（续）

序号	按键旋钮	说　明
16	C. V. /C. C. 指示灯	当 CH2 输出在恒压源状态时，C. V. 灯（绿灯）就会亮。在并联追踪模式，CH2 输出在恒流源状态时，C. C. 灯（红灯）就会亮
18	输出指示灯	输出开关指示灯
19	“+”输出端子	CH3 正极输出端子
20	“—”输出端子	CH3 负极输出端子
21	“+”输出端子	CH1 正极输出端子
22	“—”输出端子	CH1 负极输出端子
23	GND 端子	大地和底座接地端子
24	“+”输出端子	CH2 正极输出端子
25	“—”输出端子	CH2 负极输出端子
28	输出开关	打开/关闭输出
29	TRACKING& 追踪模式按键	两个按键可选 INDEP（独立）、SERIES（串联）或 PARALLEL（并联）的追踪模式
30		

1. 独立操作模式

“29”“30”两个按键都未按下时，是为独立操作模式 INDEP，CH1 和 CH2 为分别独立的两组电源供应器，可单独或两组同时使用。独立模式操作图如图 3-9 所示。

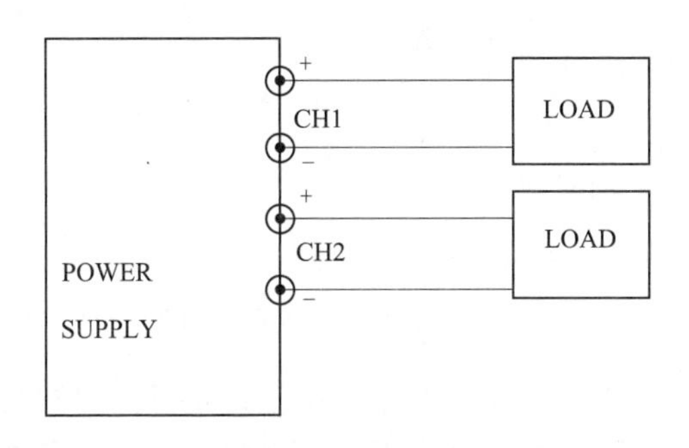

图 3-9　独立模式操作图

2. 串联追踪模式

只按下左键“29”，不按右键“30”时，是为串联追踪模式 SERIES，CH2 输出端正极将主动与 CH1 输出端负极连接。CH1 和 CH2 的输出最大电压完全由 CH1 电压控制，CH2 输出端子的电压追踪 CH1 输出端子电压。若只需单电源供应，如图 3-10（a）所示；若想得到一组共地的正负直流电源，如图 3-10（b)所示。

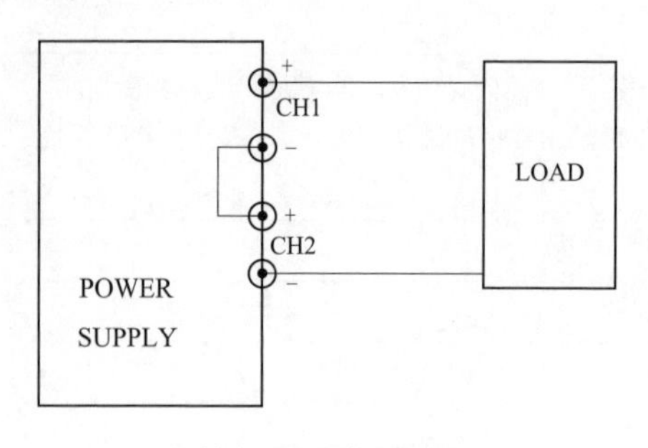

（a）单电源串联输出操作图

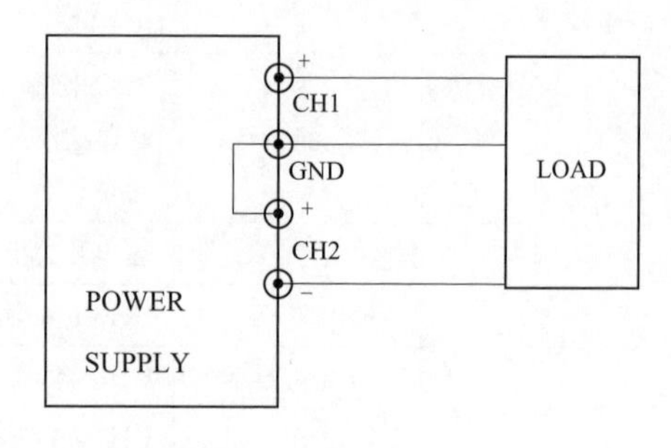

（b）正/负双电源串联追踪输出操作图

图 3-10　串联追踪模式输出操作图

3. 并联追踪模式

“29”“30”两个键同时按下时，是为并联追踪模式 PARALLEL。CH1 输出端正极和负极会自动和 CH2 输出端正极和负极两两相互连接在一起，其最大电压和电流由 CH1 主控电源供应器控制输出。CH2 的输出电压、电流完全由 CH1 的电压、电流旋钮控制，并且追踪于 CH1 输出电压和电流。注意在 CH1 电源的实际输出电流为电流表显示值的 2 倍。并联追踪输出操作图如图 3-11 所示。

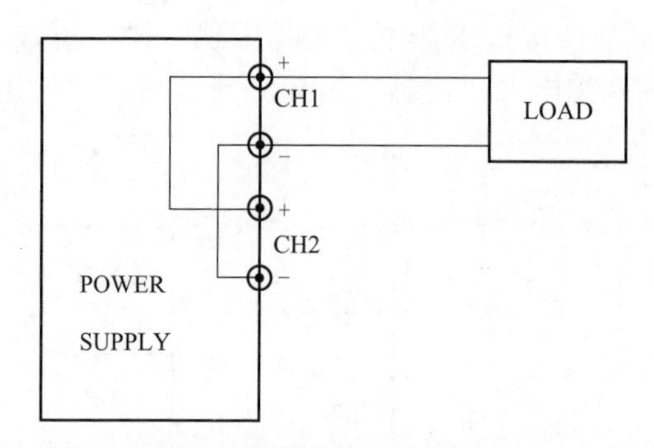

图 3-11　并联追踪输出操作图

使用时应注意，最好是将电压或电流值设定好后，先关闭电源，连接负载后，再打开电源。作为电压源使用时不能将输出正、负端子短接；作为电流源使用时不能将输出正、负端子开路，以免损坏设备。当电源只带一路负载时，最好将负载接入主路电源。

第4章 印制电路板

4.1 印制电路板的种类

所谓印制电路板（PCB），就是在一块绝缘板上覆盖着由铜箔构成的电路连线图（导电图）的电路板。它的功能是连接电路和固定元器件。

印制电路板通常分为单面印制电路板、双面印制电路板、多层印制电路板、挠性印制电路板和平面印制电路板五种。

1. 单面印制电路板

采用单面板时，上面安装元件，底面镉箔构成焊接点和电路连线，穿孔安装元器件。

2. 双面印制电路板

双面板上、下层都有导电连线，相互之间可通过金属化孔连接。

3. 多层印制电路板

多层板除了上、下层布线外，中间也有布线层，一般上层安装元器件，又称元件层；下层对元件进行焊接，又称焊接层。在表面贴焊技术中，可直接在上层贴焊。

4. 挠性印制电路板

挠性电路板又可分为单面、双面和多层三大类，最突出的优点就是具有挠性，自身可端接和三维空间排列。

5. 平面印制电路板

平面印制电路板的印制导线嵌在绝缘板上，同基板表面齐平，故又称平滑印制电路板和齐平印制电路板。一般情况下，印制导线都电镀一层耐磨金属。

4.2 印制电路板版图的设计

印制电路板版图的设计，简单地说，就是印制电路板上连线图的设计，以便为印制电路板制作提供版图。印制电路板版图的设计应根据电路原理图和所用的元器件，合理地设计出连线图。

早期的印制电路板版图设计一般都采用手工设计，效率低，易出错，特别是复杂的电路板版图设计，往往要花费相当长的时间，多次反复。现在一般采用计算机辅助设计，大大地加快了设计速度，提高了设计质量。

1. 手工设计

手工设计印制电路板版图步骤如下：

(1) 确定布线方式。根据连线密度决定是采用单面板、双面板还是多层板。连线少且电路简单时，可采用单面板；具有较多的连线时，可采用双面板；线路密度很大时，可采用多层板。单面板布线只要绘制一张版图（用坐标纸绘），双面板布线至少要绘制两张版图，多层板布线要绘制多张版图。布线方式和连线密度一般可参考表 4-1。

表 4-1　布线方式和连线密度

布线方式	连线密度/（$cm \cdot cm^{-2}$）
单面板	10
双面板	20
多层板（4 层）	65
多层板（8 层）	90

(2) 根据实际要求确定印制电路板的大小和形状。在已规定印制电路板大小与形状时，可按确定的形状，在坐标纸上画框，外框尺寸一般按 1∶1 或 2∶1的比例画。若对电路板的大小和形状未作规定，则根据电路原理图规定的元器件数量、大小等来确定其大小和形状，然后同上用坐标纸画出来。

(3) 元器件布局。首先应考虑引线接插件的位置，应使连接尽可能短。在布置接插件时，应有一定的空间使得安装后的插座能方便地与插头连接而不至于影响其他部分。其次应考虑其他元器件的布局，一般可依照相邻原则和信号流向原则布置。所谓相邻原则是互连线多的元件尽可能相邻排列，以减小引线长度。信号流向原则是指元器件按信号传输次序排列，以减小相互间的耦合干扰。若板上有大功率元器件时，应考虑其发热对周边器件的影响，特别是对热敏感元器件的影响。可将热敏感器件安置在离热源较远处，同时给发热器件留下合适的散热途径和散热空间，在布局时，还应考虑在电路板周边留有适当的边框，以便安装。

（4）画引脚位置图。在确定布局后，根据元器件的封装画出引脚位置图，并确定焊盘和穿孔的尺寸。对穿孔和焊盘的要求是，穿孔一般比元器件的引脚直径大 0.2～0.5 mm，焊盘直径可选穿孔直径的两倍或更大。如双列直插封装器件，脚与脚之间的中心间距为 2.54 mm，直径约 0.6 mm，可用直径 0.8 mm 的穿孔，焊盘直径用 1.6 mm 或 2.0 mm。在布置元器件时，还应使同一类元器件尽可能朝向一致。

（5）画连线。连线的线宽视通过的电流大小而定，在板面允许时，尽量增加线宽。当前普通的制板技术，线宽不小于 0.3 mm 时，方能保证可靠。电源线和地线尽可能加宽，有利于降低连线电阻。线与线的间距应根据线宽、两线之间的最大电位差要求的最小电气间隙及爬电距离、电路板的使用环境等综合考虑来决定。在高输入阻抗线路中，应考虑电路板的漏电流对输入的影响，布线时应采取措施予以防护。单面板可用一个视图表示；双面板至少要用两个视图（主视图、后视图）表示；多层板的每一个导电层都应该有一个视图，视图中应标明层次号。单面板只在一面布线，只要将电路连接点用合适宽度的导电图形连通即可，一旦有两个点之间无法直接连通，允许使用外加跨接线。双面板在两面布线，布线原则是一面以横线为主，另一面以纵线为主，两面连线的连接，可以通过引线孔实现。双面板一般不允许用跨接线连通。

（6）画印制板组装件装配图。画图时，应首先考虑看图方便，根据所安装的元器件及其结构特点，选用恰当的表示方法。原则有：第一是视图选用元件面；第二是对有极性元件、安装有方向性的元件，应分别标明极性和方向；第三是元器件采用简化外形绘制，如电阻用其原理图符号；第四是在外形图中标注代号，代号应与原理图中的代号对应；第五是对跨接线，用粗实线标出。按此原则画出的组件装配图，可用油漆印刷在印制电路板的上层（元件面），以利于安装、调试以及今后的维护与修理。

2. 计算机辅助设计

由于计算机辅助印制电路板版图设计具有快速、高效、易于掌握等一系列优点，因此得到广泛的应用。现在用得比较广泛的电路板设计软件有 Auto Board、EE_system、Redboard 和 Tango 及其新版本 Protel。现以 Protel 为例，对计算机辅助设计进行讨论。

（1）输入电路原理图。输入电路原理图包括电路元器件及其封装信息、代号、相互之间的电路连接等。元器件的封装信息应包括其外形、引脚排列方式、间距、焊盘及安装孔的大小、尺寸等。

(2) 输出原理图。用打印机或绘图仪输出电路原理图，然后对电路原理图进行仔细的检查，避免产生差错。原理图作为图纸保存，以备测试和检查电路时使用。

(3) 原理图后处理。利用原理图后处理软件对原理图进行处理，生成网络表文件、连线表文件、元件明细表文件和错误信息文件。检查错误信息文件，确认无差错后，表明原理图输入正确，否则要对原理图进行修改。网络表文件中包含有元件的封装信息及连线方式，用于印制板自动布局、自动布线，并在印制板版图设计完成后用于规则校验。连线表文件提供给用户进行连线检查。元件明细表文件列出了原理图中相同型号（或标称值）元件的数量及元件的标号，便于用户进行手工布局及准备器件材料。

(4) 布局。可以手工布局、手工预布局加自动布局或自动布局。用得较为普遍的是手工预布局几个主要元器件后采用自动布局。布局的目的是将元器件放置在印制电路板上。步骤如下：

1) 设定布局范围，即根据要求的印制电路板大小和形状画出边框，布局的元器件只能放置在边框的内部。

2) 预布局，即对于有特殊要求的元件，采用手工布局。

3) 进行自动布局。在执行自动布局前，应先调入网络表文件，并设定元器件之间的最小间隔。

4) 调整布局。任何的自动布局都很难完全满足用户的要求，所以对自动布局的结果，应进行人工调整，直至满意为止。如果在输入原理图时未输入所有的元器件的封装信息，可以利用人工布局，在输入元器件时，同时输入其封装信息。若在当前的库文件中没有相应的封装，可以根据元件的结构设计封装图形。

(5) 布线。布线可以是人工布线、人工预布线后自动布线或全自动布线。在布线前，应先设置可布线层、线宽、线与线之间的中心距离、过孔孔径等。在自动布线完成后，根据计算机给出的信息确定是否全布通。若有未能连通的地方，则应通过人工走线或调整部分连线后通过点到点的连线进行布线，直到所有未走通的线全部连上为止。

(6) 布线调整。自动布线的结果不可能令人完全满意，可根据合理与美观的原则，对线的转角、走向、线与线之间的距离作适当的调整。对流过较大电流的导线，应根据电流的大小，作适当的加宽，特别是对电源线和地线。若在同一块印制板上有数字电路与模拟电路，应对地线做特别的处理，如数字地与模拟地分开，最后单点连接，避免数字电路部分的脉动大电流通过地连线对模拟电路部分产生影响。在高频数字电路中，未布线区最好用地线填充，可起到降低传输干扰的作用。在布线调整的同时，也应对有特殊要求的穿孔、焊盘等作合适的调整。

（7）规则校造。根据网络表文件，对印制电路板版图中连线及间隔等进行检验，检查是否有连线错误。同时，根据预设定的连线、焊盘、过道等相互之间的间隔进行检查、不符合规定的，记录在校造着误信息文件中，通过打印此文件，对不符合规则处进行修改，直至通过规则校验为止。

（8）丝印层。丝印层又称顶层，对应于印制板组件装配图，应对代号、说明等作适当的调整，使其所在的位置与所要说明的元器件对应，同时应使文字之间不能发生交错、重叠等。

（9）输出印制电路板图。已完成的印制电路板图包含各走线层、丝印层及阻焊图等，可通过打印机或绘图仪输出。若要对图形进行校验，可以输出校验图，也可以直接输出墨图，墨图的比例可设定。现在用得较为普遍的方法是将 PCB 文件及有关技术要求一起送印制电路板厂进行制板。

4.3　自制印刷电路板过程

PCB 板的生产过程较为复杂，其生产过程是一种非连续的流水线形式，任何一个环节出问题都会造成报废。PCB 如果报废，无法回收再利用。

一般来说，PCB 生产可以分为六大块：底片制作、金属过孔、线路制作、阻焊制作、字符制作、OSP（助焊防氧化处理），其工艺流程如图 4-1 所示。

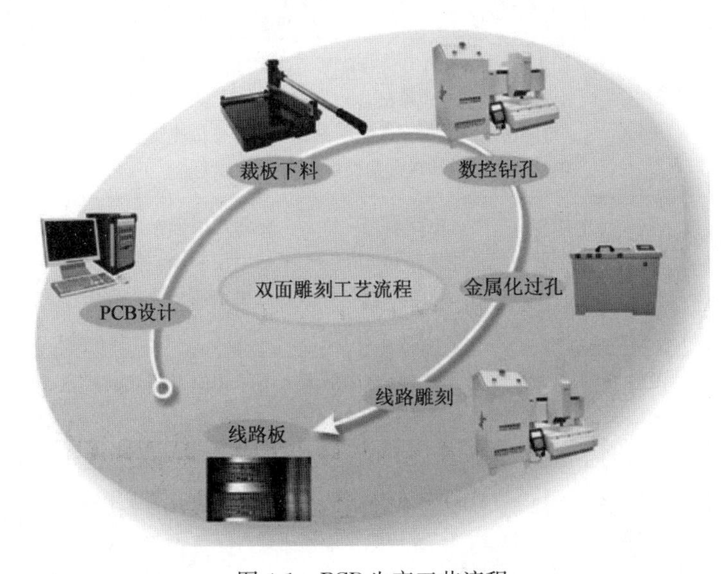

图 4-1　PCB 生产工艺流程

本书将中小型PCB生产企业的工艺流程予以进一步细化，以便于初学者更好地理解PCB的生产过程，掌握各个工艺环节的技术要点，见表4-2。

表4-2　中小型PCB生产企业的工艺流程简介

项目	序号	工艺	工艺任务	关键设备
项目1 PCB 线路 形成	1	制片	光绘工艺是将绘制好的电路图通过CAD、CAM系统制作成为图形转移的底片	激光光绘机
	2	裁板	根据设计好的PCB图的大小，在符合要求的大张PCB覆铜板上，裁切成与生产板件相应大小的覆铜板	裁板机
	3	抛光	除去PCB铜面的污物，增加铜面的粗糙度，以利于后续沉铜制作流程	抛光机
	4	钻孔	钻孔是在镀铜板上钻通孔/盲孔，建立线路层与层之间以及元件与线路之间的连通	自动数控钻床
	5	金属过孔	金属过孔是双面板和多层板的孔与孔间、孔与导线间通过孔壁金属化建立最可靠的电路连接，采用将铜沉积在贯通两面、多面导线或焊盘的孔壁上，使原来非金属的孔壁金属化	智能金属过孔机
	6	线路感光层制作	线路感光层制作是将底片上的电路图像转移到PCB上，具体方法有干膜工艺、湿膜工艺两种	干膜覆膜、线路板丝印机
	7	图形曝光	图形曝光是通过光化学反应，将工艺线路感光层制作底片上的图像精确地印制到感光板上，从而实现图像的再次转移	曝光机
	8	图形显影	图形显影是将PCB进行图形转移的感光层中未曝光部分的活性基团与稀碱溶液反应，生成亲水性的基团（可溶性物质）溶解下来，而曝光部分经由光聚合反应不被溶胀，成为抗蚀层保护线路	全自动喷淋显影机
	9	图形电镀	图形电镀是在电路板部分镀上一层锡，用来保护线路部分（包括器件孔和过孔）不被蚀刻液腐蚀，镀锡前将电路板进行微蚀，进一步去除残留的显影液，再用清水冲洗干净	智能镀锡机
	10	图形蚀刻	腐蚀是以化学的方法将电路板上不需要的那部分铜箔除去，使之形成所需要的电路图	全自动喷淋腐蚀机
项目2 PCB 表面 处理	11	阻焊、字符感光层制作	阻焊、字符感光层制作是将底片上的阻焊字符图像转移到腐蚀好的电路板上，它的主要作用有：防止在焊接时造成线路短路现象（如锡渣掉在线与线之间或焊接不小心等）	线路板丝印机

（续）

项目	序号	工艺	工艺任务	关键设备
项目 2 PCB 表面处理	12	焊盘处理 OSP	OSP（助焊防氧化处理）工艺是在焊盘上形成一层均匀、透明的有机膜，该涂覆层具有优良的耐热性，在高温条件下，可以耐多次 SMT（表面组装技术）。它可作为热风整平和其他金属化表面处理的替代工艺，用于许多表面贴装技术	自动 OSP 防氧化机
项目 3 PCB 后续处理	13	飞针检测	飞针检测是通过计算机编制程序支配步进电机、同步带等系统，从而驱动独立控制探针接触到测试焊盘（PAD）和通孔。通过多路传输系统连接到驱动器（信号发生器、电源供应等）和传感器（数字万用表、频率计数器等）来测试 PCB 的导通与绝缘性能	智能线路板测试机
	14	分板与包装	分板是通过分板机完成不规则用的切割（直线、圆、圆弧）。采用包装机完成 PCB 出厂前的打包	分板机、装机

具体制版过程请参考 PCB 制板教学视频。

雕刻机项目文件转换视频

雕刻机制版视频

PCB 阻焊制作视频

PCB 字符制作视频

第 5 章

电子产品生产工艺

5.1 贴片元件基本知识

1. 常用电子元件

(1) 电阻。电阻的基本单位是欧姆（Ω）。SMT（surface mount technology，表面贴装技术）常用的电阻有两种：片状电阻和排型电阻，如图 5-1 所示。

图 5-1　贴片电阻

SMD（surface mounted devices ，表面贴装器件）型电阻体积小，按尺寸分为 0805、0603、0402 等，没有极性。片状电阻表面有丝印，由于误差率不同分为三位数和四位数表示，如图 5-2 所示。

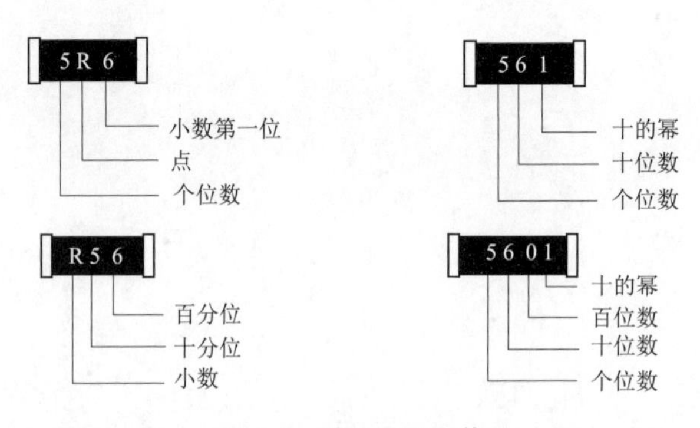

图 5-2　贴片电阻阻值

片状电阻除了阻值与误差等级这两个主要参数外，还有承受功率和体积两个参数，常用的电阻所能承受的功率有 1/10 W、1/8 W、1/4 W 等，其规格代号分别为 C、D、G（当客户对电阻有特殊要求时，应在产品 BOM 上描述）。

（2）电感。电感的基本单位是亨利（H），SMT 常用的电感有两种：绕线电感和片状电感，如图 5-3 所示。

1）绕线电感：用金属线圈与环形磁石绕制，无标记。

2）片状电感：外形类似电容。

（3）电容。电容的基本单位是法拉（F）。

SMT 常用的电容有：电解电容、钽质电容和片状电容。

1）电解电容：其外形为圆柱形，外观上可以看到它的耐压、容量，有极性。

2）钽质电容：SMD 钽电容极性识别从左到右，如图 5-4 所示，字符前有竖线或者阴影部分表示正极，标示容量为 22 uF，耐压是 25 V。

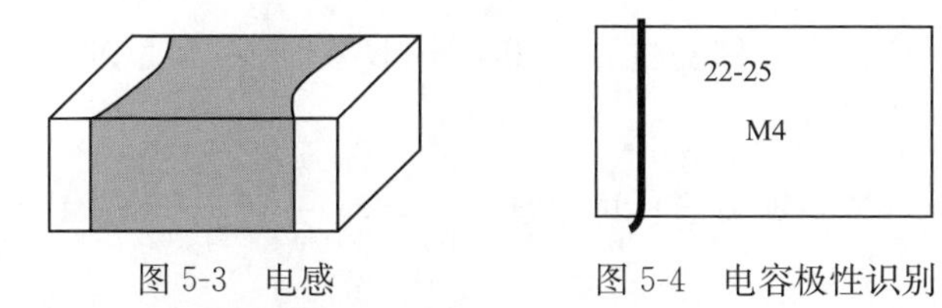

图 5-3　电感　　图 5-4　电容极性识别

3）片状电容：片状电容没有标示和极性。

（4）晶体管。

1）二极管。二极管是有极性的，表示正负极的方法有 3 种。

①如图 5-5 所示，涂黑的一头表示负极，外壳用玻璃或橡胶封装的小二极管常用此法。

②如图 5-6 所示，缺口一端为负极。

③如图 5-7 所示，矩形 SMD 二极管，从左到右，字符前面有竖线的是二极管负极，与 SMD 电容方向刚好相反。

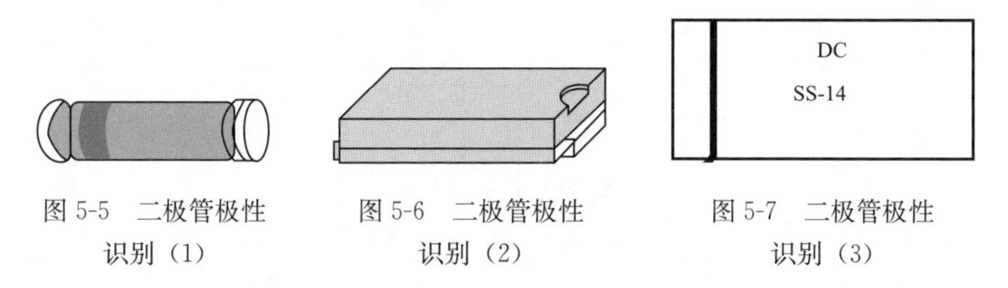

图 5-5　二极管极性识别（1）　　图 5-6　二极管极性识别（2）　　图 5-7　二极管极性识别（3）

2）三极管。三极管是一种能将电信号放大的元件，三只脚分别代表三级：基极 B、集电极 C 和发射极 E。

（5）晶体。晶体内由一组芯片组成，它是振荡电路的振源，没有极性，外形如图 5-8 所示。

（6）集成电路。集成电路常称IC，它有极性，表面有小槽口或者圆点等表示方向，贴错方向会使IC烧坏，使用时封装方向标志应对应线路板相应位置的方向标志。

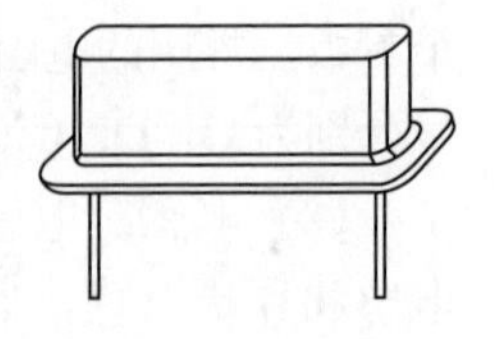
图5-8　晶体

常见的IC有几种系列：

1）TTL系列：较为普通、常用的IC，体积小，双排脚封装。其表面标示的含义如图5-9所示。

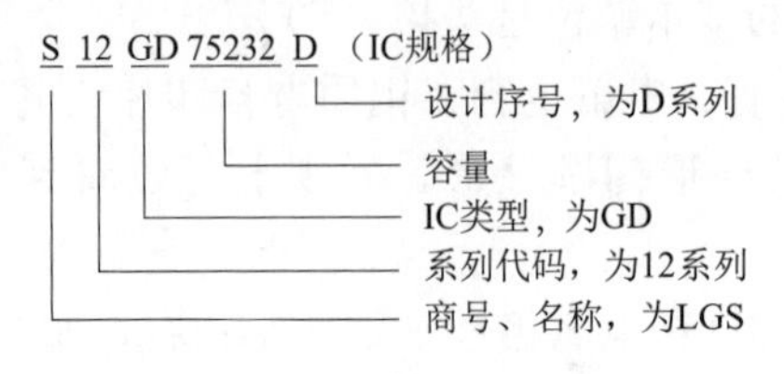

图5-9　TTL系列标示

2）RAM系列：中文称随机存储器，外形类似TTL系列IC，其表面标示的含义如图5-10所示。

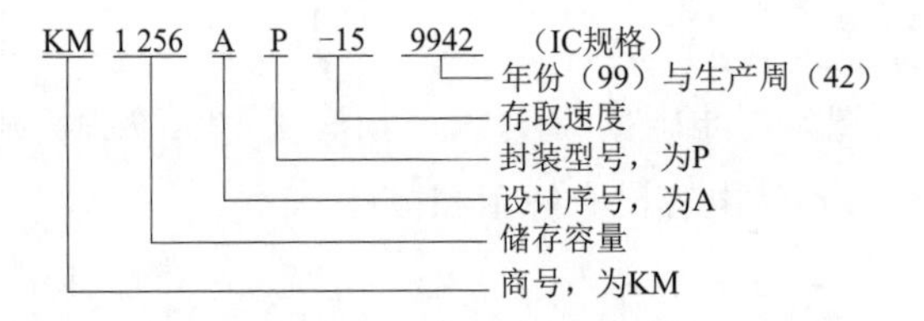

图5-10　RAM系列标示

3）其他IC的封装形式有SOP、SOJ、QFP、PLCC、PGA、BGA等。

2. 常用零件代码（见表5-1）

表5-1　常用零件代码

零件名称	代码	零件名称	代码	零件名称	代码
电阻	R	电感	L	连接器	J、P、CON
可变电阻	CR	二极管	D、CR	开关	SW、S
三极管	Q	变压器	T	保险丝	F
电容	C	发光二极管	LED	排阻	RP、RN
电解电容	EC	振荡器	X、XY、OSC	排容	CP
钽质电容	TC	晶体管	Q、TR	排感	L
可变电容	VC	集成电路	IC、U	电池	B

3. 英制和公制

电容、电阻的封装形式通常有英制和公制两种标示方法，具体见表5-2。

表 5-2　电阻电容封装形式

英　制	公　制
0402（40 mil×20 mil）	1005（1.0 mm×0.5 mm）
0603（60 mil×30 mil）	1608（1.6 mm×0.8 mm）
0805（80 mil×50 mil）	2012（2.0 mm×1.2 mm）
1206（120 mil×60 mil）	3216（3.2 mm×1.6 mm）
1210（120 mil×100 mil）	3225（3.2 mm×2.5 mm）
1812（180 mil×120 mil）	4532（4.5 mm×3.2 mm）

5.2　SMT 技术

5.2.1　SMT 技术概述

SMT（surface mounting technology，表面贴装技术），总的来说，包括表面贴装技术、表面贴装设备、表面贴装元器件及 SMT 管理。

表面贴装技术是一种无须对印制板钻插装孔，直接将表面组装元器件贴、焊到印制板（printed circuit board，PCB）表面规定位置上的装联技术。一般均采用软钎焊方法，实现元器件焊接或引脚与印制板焊盘之间的机械与电气连接。使用 SMT 技术的电子产品具有贴装密度高，体积小，重量轻，可靠性高，信号处理速度快，抗干扰能力强等特点。

SMT 的工作中，首先在 PCB 板上印上锡膏，然后将表面贴装元件通过锡膏固定在指定的位置，再经过回流焊接使锡膏熔融，让电子零件与基板焊盘结合。这种安装方式，可以在板子两面进行元件安装，而传统将引脚插入透孔，然后使用焊料进行填充其中的方法，只能在板子一面进行。

整个生产线包括以下几个主要设备：

（1）印刷机：主要用来印刷锡膏与红胶。

（2）贴片机：主要用来对元件进行贴装。

（3）回流炉：主要用于对贴装过后的产品进行红胶干燥或者锡膏浸锡。

（4）检查机：一般有利用 X 射线透过元件表层检查其内部的焊接状态的 X－RAY 检查机和基于光学原理来对焊接生产中遇到的常见缺陷进行检测的 AOI 设备。

SMT 生产采用的工序简单，使得产品的焊接缺陷率非常低；大量自动化机器的自动化生产，使得生产效率高、劳动强度低、生产成本低。但

SMT 生产设备是高精度的机电一体化设备，设备和工艺材料对环境的清洁度、湿度、温度都有一定的要求。一般车间的温度要控制在 25 ℃，湿度在 40%～70%之间。由于 SMT 生产中大量使用半导体器件，这些器件的抗静电能力一般在2 000 V 以下，所以静电防护是 SMT 生产环境要保障的重中之重。所有设备、工作区、周转和存放箱都需要达到防静电要求。车间工作人员必须着防静电衣帽。锡膏储存不当或者使用时的不当操作，都会破坏锡膏的原有特性，对焊接产生致命的不良影响，这些都是 SMT 工作环境中需注意的地方。

国外的贴片技术一直走在前列，美国是世界上 SMT 起源最早的国家，并在电子产品领域一直保持 SMT 高组装密度和高可靠性方面的优势。日本在 20 世纪 70 年代从美国引进 SMT，首先用于消费类电子产品领域，从 80 年代中后期开始，用于电子设备。欧洲各国 SMT 的起步较晚，但是他们重视发展，并有较好的工业基础，发展速度也很快。80 年代以来，韩国等亚洲四小龙纷纷引进先进技术，使 SMT 获得较快的发展。目前日本的松下、雅马哈、富士，韩国的三星，德国的西门子，美国的环球，荷兰的飞利浦等都已开发出非常成熟的产品系列。

中国 SMT 起步于 20 世纪 80 年代初，贴片机曾是我国“七五”“八五”“九五”“十五”计划中电子装备类别的重点发展项目之一。从 1978 年我国引进第一条彩电生产线开始，电子部二所就开始了贴片机的研发工作，以后有电子部 56 所、电子部 4506 厂、航天部二院、广州机床研究所等科研院所分别进行了研制，并取得了大量科研成果。不过与国外机型相比还存在一定差距，而且因资金问题，产品尚未进入批量生产阶段。虽然这些研究成果没有实现产业化，但为后来者积累了宝贵的经验。随着改革开放的进行，一些美国、日本、中国台湾等的生产商，逐渐将 SMT 加工厂迁移到了中国大陆，主要集中在广东珠三角地区，长三角和环渤海地区也有大量发展。随着中国成为世界工厂，SMT 在中国的发展前景是广阔的。

5.2.2　SMT 工艺流程

表面贴装技术及新式零件封装设计的快速发展，也刺激自动放置机的不断革新，其对表面贴装元件的放置的基本原理则大体一致。其工作顺序如下：

(1) 由真空转轴及吸头所组成的取料头将零件拾起。

(2) 利用机械式夹抓或照相视觉系统对零件中心校正。

(3) 旋转零件方向或角度以便对转电路板的焊盘。

(4) 解除真空吸力后，使零件放置在板面的焊盘上。

SMT 工艺流程如图 5-11 所示。

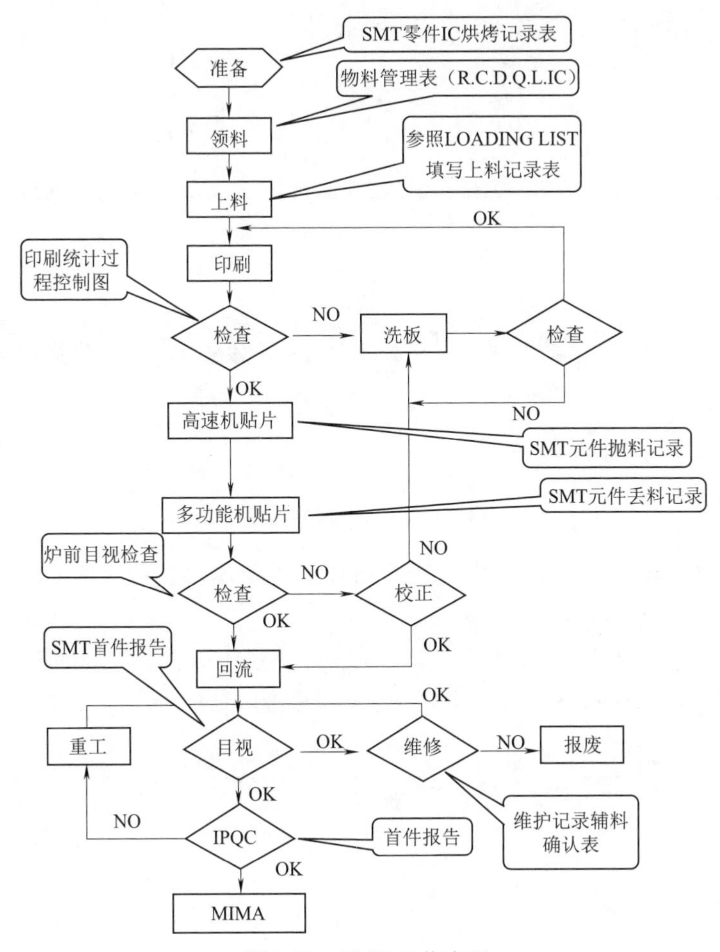

图 5-11　SMT 工艺流程

由于 SMD 有单面安装和双面安装，元器件有全部表面安装及表面与通孔插装的混合安装；焊接方式可以是回流焊、波峰焊或者两种方法混合使用，目前采用的方式有几十种之多，下面仅介绍通常采用的几种形式。

（1）全表面安装。

1）单面组装：来料检测→丝印（点胶）→贴片→烘干（固化）→回流焊接→清洗→检测→返修，其流程如图 5-12 所示。

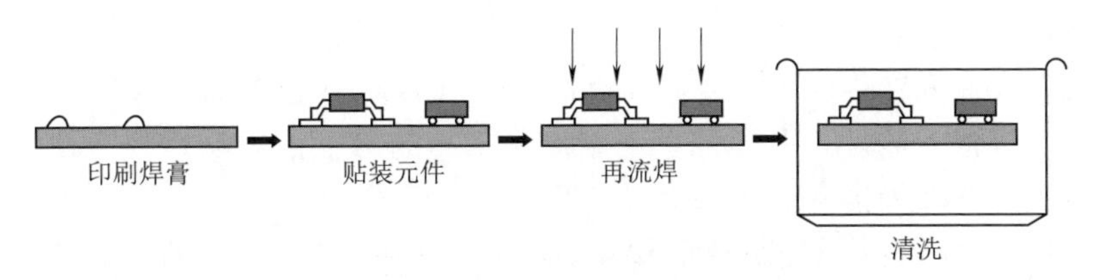

图 5-12　单面组装流程

2）双面组装：其流程如图 5-13 所示。

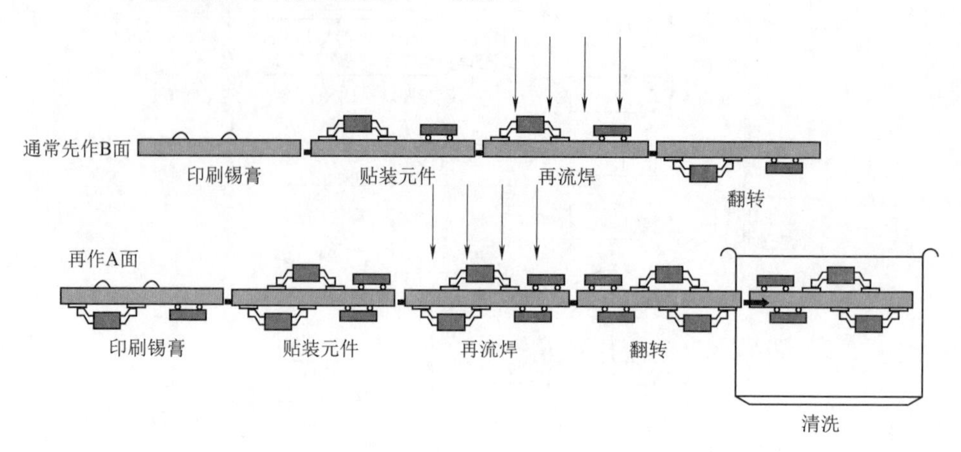

图 5-13 双面组装流程

（2）单面混装：表面安装元器件和有引线元器件混合使用，印制电路板单面安装。

来料检测→PCB 的丝印（点胶）→贴片→烘干（固化）→回流焊接→清洗→插件→波峰焊接→清洗→检测→返修，如图 5-14 所示。

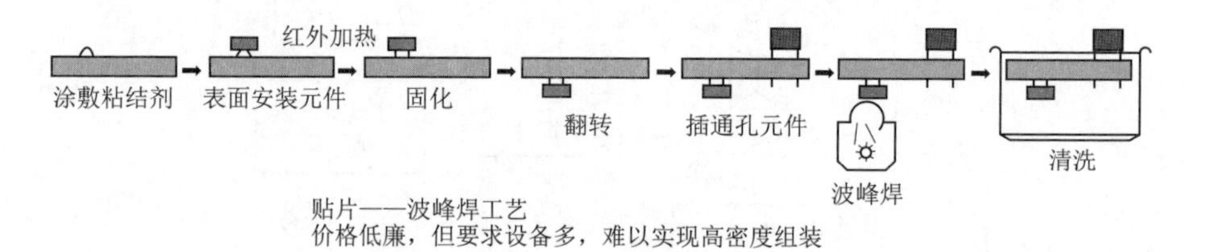

图 5-14 单面混装流程

（3）双面混装：

1）SMD 元件多于分离元件时，先贴后插：来料检测→PCB 的 B 面点贴片胶→贴片→固化→翻版→PCB 的 A 面插件→波峰焊接→清洗→检测→返修。

2）分离元件多于 SMD 元件时，先插后贴：来料检测→PCB 的 A 面插件（引脚打弯）→翻板→PCB 的 B 面点贴片胶→贴片→固化→翻板→波峰焊接→清洗→检测→返修。

（4）A 面混装，B 面贴装：来料检测→PCB 的 A 面丝印焊膏→贴片→烘干→回流焊接→插件，引脚打弯→翻板→PCB 的 B 面点胶贴片胶→贴片→固化→翻板→波峰焊接→清洗→检测→返修。

根据需要，还可以先贴两面 SMD，回流焊接后插装，波峰焊接，如图 5-15 所示。

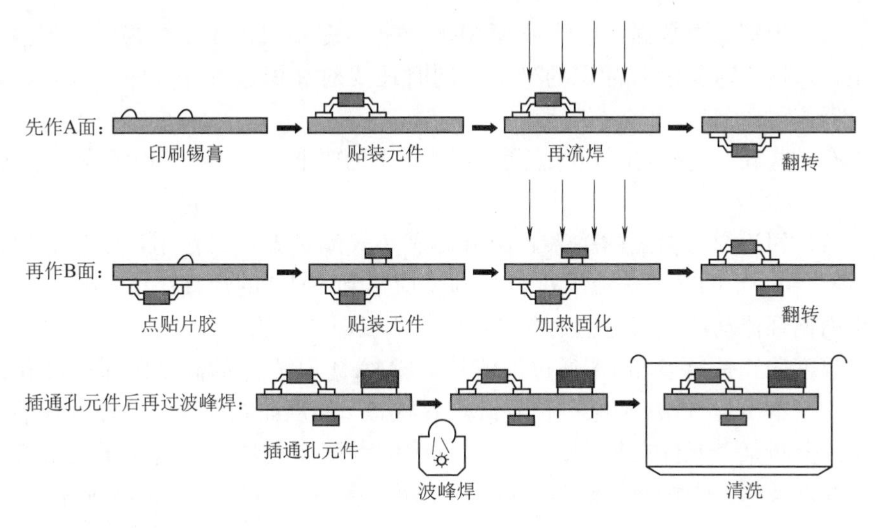

图 5-15　混装流程

下面介绍主要工艺流程。

SMT 工艺流程视频

1. 丝印

使用已经制好的网板，用一定的方法使用丝网和印刷机直接接触，并使焊膏在网板上均匀流动，由掩膜图形注入网孔。当丝网脱开时，焊膏就以掩膜图形的形状从网孔脱落到相应的焊盘图形上，从而完成焊膏在上面的印刷，首先依据对应 PCB 板和/或 PCB 制板文件提前制作丝，为丝印机印刷锡膏做准备。

制作丝印时，SMT 工程技术人员要结合以前的经验/教训，对丝制作提出具体要求，并对制作回来的丝进行符合性确认。

2. 贴片

（1）线路板数据：线路板的长、宽、厚，用来给机器识别线路板的大小，从而自动调整传输轨道的宽度。

（2）元件信息数据：包括元件的种类，元件的尺寸大小（用来给机器做图像识别参考），元件在机器上的取料位置等（便于机器识别，什么物料该在什么位置去抓取）。

（3）贴片坐标数据：包括每个元件的贴装坐标（取元件的中心点），便于机器识别贴装位置、每个坐标该贴装什么元件（便于机器抓取，这里要和元件信息数据进行链接）、元件的贴装角度（便于机器识别该如何放置元件，同时也便于调整极性元件的极性）。

（4）分板数据：线路板的分板数据（一整块线路板上有几小块拼接的线路板），用来给机器识别同样的贴装数据需要重复贴几次。

（5）识别标识数据：也就是MARK数据，是给机器校正线路板分割偏差使用的，这里需要录入标识的坐标，同时还要对标识进行标准图形录入，以供机器作对比参考。

有了这五大基本数据，就达到了贴片加工的要求，一个贴片程序基本完成。

3. 回流焊

（1）回流焊与温度的关系。回流焊靠热气流对焊点的作用，胶状的焊剂（锡膏）在一定的高温气流下进行物理反应达到SMD的焊接；由于是气体在焊机内循环流动产生高温达到焊接目的，所以叫“回流焊”。

温度曲线是指当SMA通过回流炉，SMA上某一点的温度随时间变化的曲线。其本质是SMA在某一位置的热容状态。温度曲线提供了一种直观的方法，来分析某个元件在整个回流焊过程中的温度变化情况。这对于获得最佳的可焊性及保证焊接质量都非常重要。温度曲线热容分析如图5-16所示。

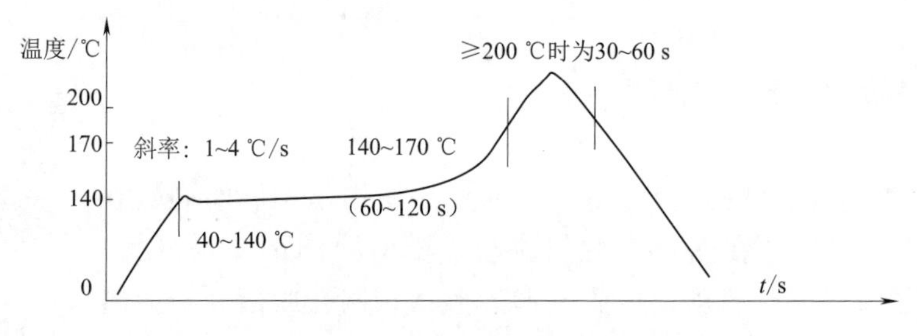

图5-16　温度曲线热容分析

（2）锡膏与回流曲线的关系。锡膏特性决定回流曲线的基本特性。不同的锡膏由于助焊剂（flux）有不同的化学组分，因此它的化学变化有不同的温度要求，对回流温度曲线也有不同的要求。一般锡膏供应商都提供一个参考回流曲线，用户可在此基础上根据自己的产品特性进行优化。

它可分为4个主要阶段：

1）把PCB板加热到150 ℃左右，上升斜率为1～3 ℃/s，称预热（preheat）阶段。

2）把整个板子慢慢加热到183 ℃。称均热（soak或equilibrium）阶段。时间一般为60～90 s。

3）把板子加热到融化区（183 ℃以上），使锡膏融化，称回流（reflow spike）阶段。在回流阶段板子达到最高温度，一般是（215±10）℃。回流时间以45～60 s为宜，最大不超过90 s。

锡膏印刷视频

4）曲线由最高温度点下降的过程，称冷却（cooling）阶段。一般要求冷却的斜率为2～4 ℃/s。

5.2.3　印刷技术

1. 锡膏的基础知识

锡膏是将焊料粉末与具有助焊功能的糊状焊剂混合而成的一种浆料，通常焊料粉末占90%左右，其余是化学成分。锡膏存储环境为5～10 ℃，解冻不得低于4 h，搅拌需要3～5 min。存储在5～10 ℃的环境内，保质期一般从生产日起6个月内；20 ℃时，保质期降低到生产日起3个月内；开封后，一般不超过10 d。

锡膏在使用前，从冷藏库中取出后，必须置于室温，使锡膏回温到25 ℃，防止结雾。为了使助焊剂与锡粉能均匀混合，将锡膏投入印刷机前须充分搅拌，顺着一个方向搅拌1～4 min。生产结束或停止印刷时，钢板上的锡膏放置不可超过1 h。从锡膏印刷到贴装的放置时间应在4 h内。

2. 焊锡膏的流变行为

把能随意改变形态或任意分割的物体称流体，研究流体受外力而引起形变与流动行为规律和特征的科学称流变学。但在工程中则用黏度这一概念来表征流体黏度性的大小。锡膏中混有一定量的触变剂，具有假塑性流体性质。锡膏在印刷时，受到刮刀的推力作用，其黏度下降，当到达模板窗口时，黏度达到最低，故能顺利通过窗口沉降到PCB的焊盘上，随着外力的停止，焊锡膏黏度又迅速回升，这样就不会出现印刷图形的塌落和漫流，得到良好的印刷效果。影响焊锡膏黏度的主要因素（见图5-17）有以下几个：

（1）焊料粉末含量对黏度的影响：焊锡膏中焊料粉末的增加引起黏度的增加。

（2）焊料粉末粒度对黏度的影响：焊料粉末粒度增大时黏度会降低。

（3）温度对焊锡膏黏度的影响：温度升高黏度下降。印刷的最佳环境温度为（23±3）℃。

（4）剪切速率对焊锡膏黏度的影响：剪切速率增加黏度下降。

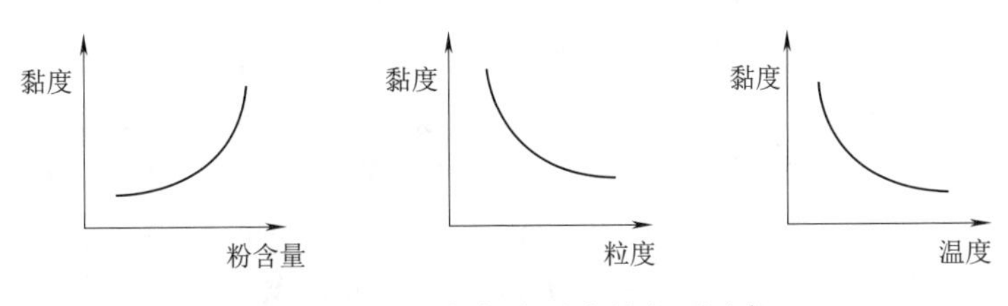

图5-17　影响焊锡膏黏度的主要因素

3. 钢网（stencils）的相关知识

钢网一般其外框是铸铝框架，中心是金属模板，框架与模板之间依靠丝网相连接，呈“刚-柔-刚”结构。一般来说，钢网制作主要有以下3种方法：

（1）化学腐蚀法：使用价格较低的锡磷青铜或者不锈钢为材料，将需要加工的部位暴露在化学腐蚀溶液中，获得所需的形状和尺寸。青铜材料易成型，但是窗口容易产生不规则的图形以及孔壁不光滑的情况，而且模板尺寸受到限制，不宜太大，一般适用0.65 mm QFP（quad flat package，方型扁平式封装技术，0.65 mm是指引脚的中心到另一个引脚的中心的距离）以上的器件产品的生产。

（2）激光雕刻法：基材为不锈钢，通过激光对图文区域烧蚀，使网孔形成开口。这样制作的模板尺寸精度高，窗口形状好，但是价格较高，孔壁有时会有毛刺，仍需要二次加工，一般适用0.5 mm QFP器件生产。

（3）电铸法：电铸是一种利用金属离子阴极电沉积原理来制造金属零部件的工艺。电铸层是由金属离子在阴极芯模上堆积而成的，其工作表面与芯模紧密贴合，因此它具有很高的复制精度。但是价格昂贵且制作周期长，一般在0.3 mm，QFP以下器件生产时使用。

4. 刮刀的相关知识

刮刀按制作形状可分为菱形和拖尾巴两种；从制作材料上可分为橡胶（聚胺酯）和金属刮刀两类。一般使用的是金属刮刀，金属刮刀具有以下优点：从较大、较深的窗口到超细间距的印刷均具有优异的一致性；刮刀寿命长，无需修正；印刷时没有焊料的凹陷和高低起伏现象，大大减少了焊料的桥接和渗漏。刮刀用完后要进行清洁和检查，在使用前也要对刮刀进行检查。

5. 印刷过程

印刷焊锡膏的工艺流程如下：

（1）焊锡膏的准备。

（2）支撑片设定和钢网的安装。

（3）调节参数。

（4）印刷焊锡膏。

（5）检查质量。

（6）结束并清洗钢网。

根据实际要生产的产品型号选择对应的模板进行支撑片的设定，并作好检查。参照产品型号选择相应的钢网，并对钢网进行检查，主要包括钢网的张力、清洁、有无破损等，如果检测无问题，按照机器的操作要求将钢网放入到机器里。严格按照参数设定表对相关的参数进行检查和修改，主要包括印刷压力、印刷速度、脱模速度和距离、清洗次数设定等参数。参数设定好后，按照作业指导书添加锡膏，进行机器操作，印刷锡膏。在机器刚开始印刷的前几片一定要检查印刷效果，是否有连锡、少锡等不良现象；还需要测量锡膏的厚度，是否在6.8～7.8 MIL之间。在正常生产后每隔1 h要抽验10片，检查其质量并做好记录；每隔2 h要测量2片锡膏的印刷厚度。在这些过程中如果有发现不良，超出标准就要立即通知相应的技术员，要求其改善。生产结束后要及时清洗钢网和刮刀并检查，技术员要确认效果后再放入相应的位置。

6. 焊锡膏印刷的缺陷，产生的原因及对策

（1）缺陷：刮削（中间凹下去）。

原因分析：刮刀压力过大，削去部分锡膏。

改善对策：调节刮刀的压力。

（2）缺陷：锡膏过量。

原因分析：刮刀压力过小，多出锡膏。

改善对策：调节刮刀压力。

（3）缺陷：拖曳（锡面凸凹不平）。

原因分析：钢板分离速度过快。

改善对策：调整钢板的分离速度。

（4）缺陷：连锡。

原因分析：①锡膏本身问题；②PCB 与钢板的孔对位不准；③印刷机内温度低，黏度上升；④印刷太快会破坏锡膏里面的触变剂，于是锡膏变软。

改善对策：①更换锡膏；②调节 PCB 与钢板的对位；③开启空调，升高温度，降低黏度；④调节印刷速度。

（5）缺陷：锡量不足。

原因分析：①印刷压力过大，分离速度过快；②温度过高，溶剂挥发，黏度增加。

改善对策：①调节印刷压力和分离速度；②开启空调，降低温度。

5.2.4 贴片技术

贴片机实际上是一种精密的工业机器人，是机-电-光以及计算机控制技术的综合体。它通过吸取-位移-定位-放置等功能，在不损伤元件和印制电路板的情况下，实现了将 SMC/SMD 元件快速而准确地贴装到 PCB 板所指定的焊盘位置上。元件的对中有机械对中、激光对中、视觉对中 3 种方式。贴片机由机架、$x—y$ 运动机构（滚珠丝杆、直线导轨、驱动电机）、贴装头、元器件供料器、PCB 承载机构、器件对中检测装置、计算机控制系统组成，整机的运动主要由 $x—y$ 运动机构来实现，通过滚珠丝杆传递动力、由滚动直线导轨运动来实现定向的运动，这样的传动形式不仅其自身的运动阻力小、结构紧凑，而且较高的运动精度有力地保证了各元件的贴装位置精度。

贴片机在重要部件如贴装主轴、动/静镜头、吸嘴座、送料器上进行了 Mark 标识。机器视觉能自动求出这些 Mark 中心系统坐标，建立贴片机系统坐标系和 PCB、贴装元件坐标系之间的转换关系，计算得出贴片机的运动精确坐标；贴装头根据导入的贴装元件的封装类型、元件编号等参数到相应的

位置抓取吸嘴、吸取元件；静镜头依照视觉处理程序对吸取元件进行检测、识别与对中；对中完成后贴装头将元件贴装到 PCB 上预定的位置。这一系列元件识别、对中、检测和贴装的动作都是工控机根据相应指令获取相关的数据后由指令控制系统自动完成的。

按照贴装头系统与 PCB 板运载系统以及送料系统的运动情况，贴片机大致可分为 3 种类型：转塔式（turret-style）、模块型（parallel-style）和框架式（gantry-style）。而框架式贴片机又根据贴装头在框架上的布置情况可以细分为动臂式、垂直旋转式、平行旋转式。

转塔式贴片机也称射片机，以高速为特征，它的基本工作原理：搭载送料器的平台在贴片机左右方向不断移动，将装有待吸取元件的送料器移动到吸取位置。PCB 沿 $x-y$ 方向运行，使 PCB 精确地定位于规定的贴片位置，而贴片机核心的转塔在多点处携带着元件，在运动过程中实施视觉检测，并进行旋转校正（见图 5-18）。转塔式贴片机中的转塔技术是日本 Sanyo 公司的专利，目前将此技术运用得比较成功的有 Panasert 公司的转塔式贴片机系列，Fuji 公司的 CP 系列。

SMT 贴片机
使用视频

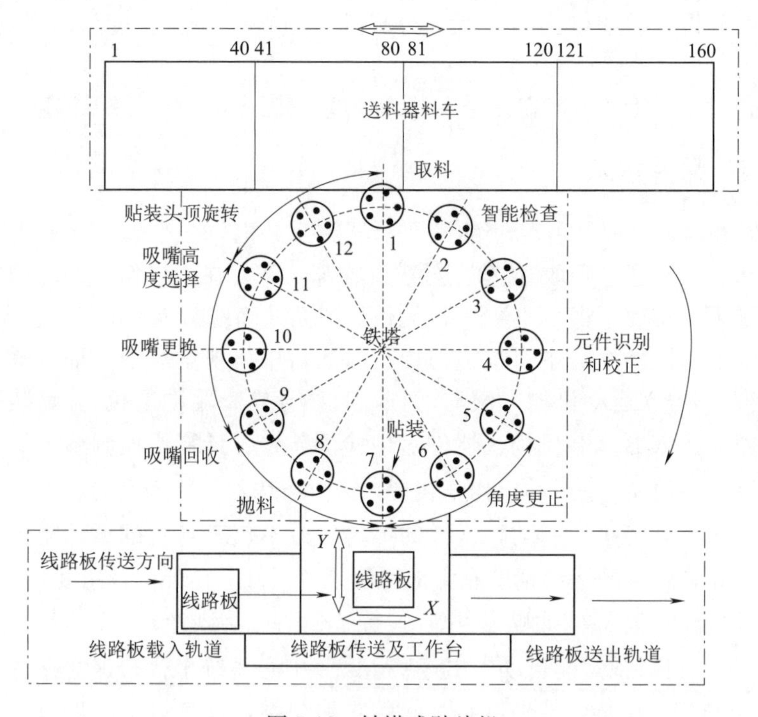

图 5-18　转塔式贴片机

框架式贴片机的送料器和 PCB 是固定不动的，它通过移动安装于 $x-y$ 运动框架中的贴装头（一般是装在 x 轴横梁上），进行吸取和贴片动作。此结构的贴装精度取决于定位轴 x、y 和 θ 的精度。尽管都采用了框架式结构，但由于贴装头的不同形式，可以将这种款式的贴片机分成 3 种，一种是 Samsung、Yamaha、Mirea 等厂商主推的动臂式，还有一种是 Siemens Dematic 主推的垂直旋转式，第三种是 Sony 主推的平行旋转式。

框架式贴片机可以采用增加横梁/悬臂（也是增加贴装头）的方式达到增加贴装速度的目的。这种结构贴片机的基本原理是当一个贴装头在吸取元件时，另外一个贴装头去贴装元件。模块型贴片机可以看成是由很多个小框架型贴片机并联组合在一起而形成的一台组合式贴片机。目前世界上只有 Assembleon（原来是 Philips）公司的 FCM 机型和 Fuji 公司新推出的 NXT 机型用到了此种技术。

模块型贴片机使用一系列小的单独的贴装单元。每个单元都有自已独立的 $x-y-z$ 运动系统，安装有独立的贴装头和元件对中系统。每个贴装头可从有限的带式送料器上吸取元件，贴装 PCB 的一部分，PCB 以固定的间隔时间在机器内步步推进。每个独立单元往往只有一个吸嘴，这样每个贴装单元的贴装速度就比较慢，但是将所有的贴装单元加起来，可以达到极高的产量。

速度一直是转塔式贴片机的优势，但随着技术的发展，新型贴片机的不断推出，框架式贴片机和模块型贴片机有几种新机型的贴装速度已经超越了新型的转塔式贴片机。随着微型元件和密间距元件的广泛应用，现在的电子产品在贴装精度方面对贴片机提出了更高的要求。2014 年以前，行业内可接受的精度标准还是 0.1 mm（chip 元件）和 0.05 mm（IC 元件）。目前这个标准已经有缩减到 0.05 mm（chip 元件）和 0.025 mm（IC 元件）的趋势。目前的转塔式贴片机已经很难超越 0.05 mm 的精度等级，最好的转塔式贴片机也只能刚好达到这个精度。而最先进的框架式贴装系统可以达到 4 σ、25 μm 的精度。但达到此能力的机器贴装速度都不太高。

贴片机对速度和精度的要求很高。1 个贴装循环（就是贴片机完成 1 次取料贴片动作），包含贴装主轴吸取元件的时间、移动到静镜头的时间、静镜头摄像的时间、移动到贴装位置的时间、校正元件偏移的时间、贴装主轴贴装元件的时间，这所有时间的总和要达到 1～2 s。当贴片机每个贴装头上的吸嘴数目较少（3 个以下）时，$x-y$ 运动机构驱动贴装头移动时间的长短就成了影响贴装速度的关键因素。为了达到高速贴装的要求，x、y 向要以 1.25 m/s或更高的速度运动，还要有较大的加、减速度（1～2 g），提速与制动的时间要尽量短。这样贴片机就不可能像数控机床那样把运动部件做得非常坚固、笨重，而要像小轿车、飞机那样尽可能地减轻高速运动部件的质量和惯量，以达到足够的运动定位精度和尽可能高的加、减速性能，在这两者之中优选，实现最佳惯量匹配。

5.2.5 回流焊工艺

回流焊，又称再流焊，所谓回流焊是指经过从头熔化预先分配到印制板焊盘上的膏状软钎焊料，完成外表面贴装元器件焊端或引脚与印制板焊盘之间机械与电气衔接的软钎焊。

随着外表贴装元器件在电子产品中的很多运用，回流焊接技能变成外表贴装技能中的首要技能。它首要的技能特征是：用焊剂将要焊接的金属外表净化（去掉氧化物），使之对焊料具有良好的润湿性；供应熔融焊料潮湿金属外表；在焊料和焊接金属间构成金属间化合物；其他能够完成微焊接。

回流焊是预先在PCB焊接部位（焊盘）施放适量和适当形式的焊料，然后贴放外表贴装元器件，运用外部热源使焊料回流到达焊接需求而进行的成组或逐点焊接技能。回流焊接与波峰焊接比较具有以下一些特色：

（1）回流焊能操控焊料的施放量，防止桥接等缺点的发生。

（2）焊接中通常不会混入不纯物，在运用焊锡膏进行回流焊接时能够保持焊料成分不发生变化。

（3）回流焊接仅在需求的部位上施放焊料，大大节省了焊料的运用。

（4）可采用部分加热热源，然后在同一基板上用不一样的回流焊接技能进行焊接。

（5）当元器件贴放方位有一定偏离时，因为熔融焊料外表张力的效果，只需焊料施放方位正确，回流焊能在焊接时将此细小误差主动纠正，使元器件固定在正确方位上。

（6）回流焊不需像波峰焊那样要把元器件直接浸渍在熔融焊锡中，故元器件所遭到的热冲击小。

回流焊接技能依照加热方法进行分类有：汽相回流焊、红外回流焊、红外热风回流焊、激光回流焊、热风回流焊和工具加热回流焊等。

把贴片元件安装好的线路板送入SMT回流焊熔炉膛内，把用来焊接贴片元件的锡膏经过高温热风形成回流温度变化的工艺熔融，让贴片元件与线路板上的焊盘结合，然后冷却在一起。SMT回流焊实际上也就是一个烤炉的结合体，让膏状的焊锡料经过回流焊里各个烤炉的高温熔融把贴片元件和线路板结合在一起的一个焊接设备。没有SMT回流焊设备，SMT工艺就不可能完成电子元件和线路板的焊接工作。为了达到更好的焊接效果，大型的电子产品生产企业会用到在SMT回流焊炉膛内充氮气的回流焊，氮气可以起到让电子产品与空气隔绝的作用，不让电子产品氧化，以达到更好的焊接效果。

SMT 回流焊炉膛内的焊接也分为几个阶段：预热段、加热段、焊接段、保温段和冷却段。回流焊温度曲线如图 5-19 所示。

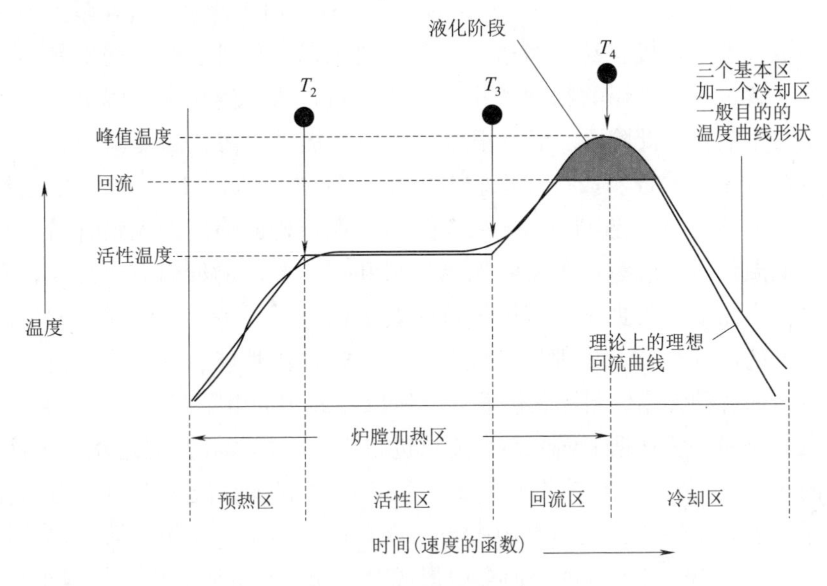

图 5-19　回流焊温度曲线

1. SMT 回流焊预热段的目的和作用

预热段的目的是把贴好元件 PCB 板加热到 120～150 ℃左右，在这个温度下 PCB 板的水分可以得到充分蒸发，并同时可以消除 PCB 板内部的应力和部分残留气体，为加热段做提前加热。预热段的时间一般控制在 1～5 min。具体的情况由板的大小和元器件的多少而定。

2. SMT 回流焊加热段的目的和作用

通过预热段处理后的 PCB 板，要在加热段的过程中激活锡浆中的助焊剂，并在助焊剂的作用下去除锡浆里面和元器件表面的氧化物，为焊接过程做好准备。在这一阶段中 Sn63％－Pb37％锡－铅配方有铅中温合金钎料和Sn95％-Ag3％-Cu2％锡-银-铜配方贵金属无铅合金钎料的温度通常设置在 180～230 ℃之间。时间控制在 1～3 min，目的是助焊剂能够充分激活，并能很好地去除焊盘和钎料氧化物。在以下的溶点温度低于 160 ℃的低温钎料配方中 Sn42％-Bi58％锡-铋配方的低温无铅钎料，Sn43％-Pb43％-Bi14％锡-铅-铋配方有铅低温钎料。Sn48％-In52％锡-铟配方无铅低温钎料，可以把加热段的温度设置在 120～180 ℃。时间控制在 1～3 min。中温的有铅合金钎料一般

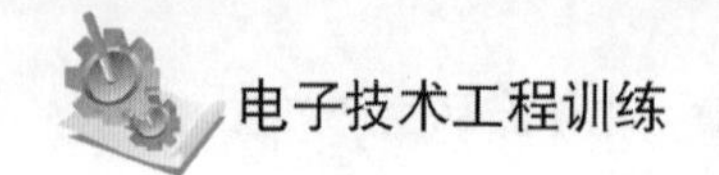

设置在 180～220 ℃。高温的无铅合金钎料一般设置在 220～250 ℃之间。如果你手头上有所用钎料和锡浆的资料，加热段的温度可以设置在低于锡浆的溶化温度点的 10 ℃左右为最佳。

3. SMT 回流焊焊接段的目的和作用

焊接段的主要目的是完成 SMT 的焊接过程，由于此阶段是在整个回焊过程中的最高温段，极容易损伤达不到温度要求的元器件。此过程也是一个回流焊的完善过程，焊锡的物理和化学的变化量最大，溶化的焊锡极容易在高温的空气中氧化。此阶段一般是根据锡浆资料提供的溶化温度高 30～50 ℃。不管有铅或无铅的钎料，一般把它分为低温钎料（150～180 ℃）、中温钎料（190～220 ℃）、高温钎料（230～260 ℃）。现在普遍使用的无铅钎料为高温钎料，低温钎料一般为贵金属的无铅钎料和特殊要求的低温有铅焊料，在通用的电子产品中比较少见，多用于特殊要求的电子设备上。而有铅的中温钎料有优异的电气性能、物理机械性能、耐冷热冲击性能、抗氧化性能。这些性能目前的各种无铅钎料还无法替代，所以在通用的电子产品中还大量使用。此阶段的时间一般根据下面的几个要求进行设定。焊锡在高温熔化后为液态，所有的 SMT 元件会浮在液态焊锡的表面，在助焊剂和液态表面张力的作用下，浮动的元器件会移到焊盘的中心，会有自动归正的作用。另外在助焊剂的湿润下，焊锡会和元件的表面金属形成合金层，渗透到元件结构组织里面，形成理想的钎焊结构，时间一般设在 10～30 s。大面积和有较大元件遮阴面的 PCB 板应设置较长的时间；小面积的少零件的 PCB 板一般设置时间较短就可以了。为了保证回焊质量尽可能地缩短焊接段的时间，这样有利于保护元器件。

4. SMT 回流焊保温段的目的和作用

保温段的作用是让高温液态焊锡凝固成固态的焊接点，凝固质量的好坏直接影响到焊锡的晶体结构和机械性能，太短的凝固时间会使焊锡形成结晶粗糙，焊点不光洁，机械物理性能下降。在高温和机械的冲击下焊接点容易开裂，并失去机械连接和电气连接的作用，产品的耐久性降低。采用的是停止加热，用余温保温一段时间。让焊锡在温度缓慢下降过程中凝固并结晶良好，这个温度点一般设置在比焊锡熔点低 10～20 ℃，利用自然降温时间的设置，下降到这个温度点后就可以进入冷却段。

5. SMT 回流焊冷却段的目的和作用

冷却段的作用比较简单，通常是冷却到不会烫人的温度就可以了。但为了加快操作流程，也可以下降到 150 ℃以下时结束该过程。但取出焊好的 PCB 板时，要用工具或用耐温手套取出以防烫伤。

5.2.6 常见SMT测试技术介绍

1. 在线测试仪（in—circuit tester，ICT）

电气测试使用的最基本仪器是在线测试仪（ICT），传统的在线测试仪测量时使用专门的针床与已焊接好的线路板上的元器件相接触，并用数百毫伏电压和10 mA以内电流进行分立隔离测试，从而精确地测出所装电阻、电感、电容、二极管、三极管、可控硅、场效应管、集成块等通用和特殊元器件的漏装、错装、参数值偏差、焊点连焊、线路板开短路等故障，并将故障是哪个元件或开短路位于哪个点准确告诉用户。针床式在线测试仪优点是测试速度快，适合于单一品种民用型家电线路板及大规模生产的测试，而且主机价格较便宜，但是随着线路板组装密度的提高，特别是细间距SMT组装以及新产品开发生产周期越来越短，线路板品种越来越多，针床式在线测试仪存在一些难以克服的问题：测试用针床夹具的制作、调试周期长、价格贵；对于一些高密度SMT线路板由于测试精度问题无法进行测试。

基本的ICT近年来随着克服先进技术局限的技术而改善。例如，当集成电路变得太大以至于不可能为相当的电路覆盖率提供探测目标时，ASIC工程师开发了边界扫描技术。边界扫描（boundary scan）提供一个工业标准方法来确认在不允许探针的地方的元件连接，额外的电路设计到IC内面，允许元件以简单的方式与周围的元件通信，以一个容易检查的格式显示测试结果。

另一个无矢量技术（vectorless technique）是将交流（AC）信号通过针床施加到测试中的元件。一个传感器板靠住测试中的元件表面压住，与元件引脚框形成一个电容，将信号耦合到传感器板，没有耦合信号表示焊点开路。

用于大型复杂板的测试程序人工生成很费时费力，但自动测试程序产生（automated test program generation，ATPG）软件的出现解决了这一问题。该软件基于PCBA和CAD数据与装配于板上的元件规格库，自动地设计所要求的夹具和测试程序，虽然这些技术有助于缩短简单程序的生成时间，但高节点数测试程序的论证还是费时和具有技术挑战性的。

飞针式测试仪是对针床在线测试仪的一种改进，它用探针来代替针床，在$x-y$机构上装有可分别高速移动的4个头共8根测试探针，最小测试间隙为0.2 mm。工作时根据预先编排的坐标位置程序移动测试探针到测试点处，与之接触，各测试探针根据测试程序对装配的元器件进行开路/短路或元件测试。与针床式在线测试仪相比，在测试精度、最小测试间隙等方面均有较大幅度提高，并且无须制作专门的针床夹具，测试程序可直接由线路板的CAD软件得到，但测试速度相对较慢是其最大不足。

2. 功能测试（functional tester）

ICT能够有效地查找在SMT组装过程中发生的各种缺陷和故障，但是它不能够评估整个线路板所组成的系统在时钟速度时的性能，而功能测试就可以测试整个系统是否能够实现设计目标，它将线路板上的被测单元作为一个功能体，对其提供输入信号，按照功能体的设计要求检测输出信号。这种测试是为了确保线路板能否按照设计要求正常工作，所以功能测试最简单的方法，是将组装好的某电子设备上的专用线路板连接到该设备的适当电路上，然后加电压，如果设备正常工作，就表明线路板合格。这种方法简单、投资少，但不能自动诊断故障。

3. 自动光学检查（automatic optical inspection，AOI ）

随着线路板上元器件组装密度的提高，给电气接触测试增加了困难，将AOI技术引入到SMT生产线的测试领域也是大势所趋。AOI不但可对焊接质量进行检验，还可对光板、焊膏印刷质量、贴片质量等进行检查。各工序AOI的出现几乎完全替代人工操作，对提高产品质量、生产效率都是大有作为的。当自动检测（A01）时，AOI通过摄像头自动扫描PCB，采集图像，测试的焊点与数据库中的合格参数进行比较，经过图像处理，检查出PCB上的缺陷，并通过显示器或自动标志把缺陷显示/标示出来，供维修人员修整。

现在的AOI系统采用了高级的视觉系统、新型的给光方式、增加的放大倍数和复杂的算法，从而能够以较高测试速度获得高缺陷捕捉率。AOI系统能够检测如下错误：元器件漏贴、钽电容的极性错误、焊脚定位错误或者偏斜、引脚弯曲或者折起、焊料过量或者不足、焊点桥接或者虚焊等。AOI除了能检查出目检无法查出的缺陷外，还能把生产过程中各工序的工作质量以及出现缺陷的类型等情况收集、反馈回来，供工艺控制人员分析和管理。但AOI系统也存在不足，如不能检测电路错误，同时对不可见焊点的检测也无能为力。

4. 自动X射线检查（automatic X—ray inspection，AXI)

AXI是近几年才兴起的一种新型测试技术，当组装好的线路板（PCBA）沿导轨进入机器内部后，位于线路板上方有一X—ray发射管，其发射的X射线穿过线路板后被置于下方的探测器（一般为摄像机）接受，由于焊点中含有可以大量吸收X射线的铅，因此与穿过玻璃纤维、铜、硅等其他材料的X射线相比，照射在焊点上的X射线被大量吸收，而呈黑点产生良好图像，使得对焊点的分析变得相当直观，故简单的图像分析算法便可自动且可靠地检验焊点缺陷。AXI技术已从以往的2D检验法发展到目前的3D检验法，前者为透射X射线检验法，对于单面板上的元件焊点可产生清晰的视像，但对于目前广泛使用的双面贴装线路板，效果就会很差，会使两面焊点的视像重叠而极难分辨。而3D检验法采用分层技术，即将光束聚焦到任何一层，并将相应图像投射到一高速旋转的接收面上，由于接收面高速旋转使位于焦点处的图像非常清晰，而其他层上的图像则被消除，故 3D 检验法可对线路板两面的焊点独立成像。

3D X—Ray 技术除了可以检验双面贴装线路板外，还可对那些不可见焊点如 BGA（ball grid array，焊球阵列）等进行多层图像“切片”检测，即对 BGA 焊接连接处的顶部、中部和底部进行彻底检验。同样，利用此方法还可测通孔（PTH）焊点，检查通孔中焊料是否充实，从而极大地提高焊点连接质量。

5.3　THT 技术

THT 是指通孔插装的群焊技术（through hole technology ），主要通过波峰焊来实现。波峰焊是将熔化的焊料，经过电动或者电磁泵喷流程设计的焊料波峰，使预先装有电子元件的印制电路板通过焊料波峰，实现元器件焊端或者引脚与印制电路板焊盘之间机械与电气连接的钎焊。

5.3.1　THT 简介

波峰焊接是目前用于电子行业较为普遍的一种自动焊接技术，它具有焊接质量可靠，焊点外观光亮，饱满，焊接一致性好、操作简便、节省能源、降低工人劳动强度等特点。焊接过程是将母材料（如半导体材料、电极金属化材料及内外引线材料）与熔点比母材低的焊料（如锡、铜、金、银等）一同加热，当母材及焊料同时加热到焊接温度时，在母材料不熔化的情况下，首先使熔化的焊料熔融并润湿及填满两母材连接处的间隙，形成焊缝，在焊缝中，焊料与母材料相互润湿和扩散，并与母材相互作用，随之冷却结晶，成为新的合金，并形成牢固的接头。

5.3.2　自动焊接设备

波峰焊接工艺虽然是当今电子行业比较先进的焊接手段，但随着此项工艺技术的不断发展提高，人们对自动焊接技术的要求也越来越高。在自动焊接过程中，使用设备的优劣与焊接质量有着直接的关系。例如：焊接设备中的电器控制部分，链条传动装置，传送速度，波峰焊接锡的流向与倾斜角的控制，焊锡槽与助焊剂区的构造，波峰锡槽喷流口及锡泵的设计，助焊剂喷涂方式的选择，等等。在焊接过程中，即使焊接工艺条件及工艺过程基本相同，但由于设备的差异，所达到的焊接效果也会有较大差别。按锡炉的结构来分，常见的有以下几种：

1. *手浸锡炉*

手浸锡炉其结构比较简单，主要有锡锅、加热管、温度控制器、定时器、电源箱等组成。操作方法一般为浸蘸焊接方法，操作时先用刮板清除悬浮在焊料表面的氧化物和杂质（手浸喷流锡炉及一般的波峰焊炉能保持锡面光洁无氧化物），将蘸有助焊剂的印制板倾斜一定的角度浸入焊料中，稍加压力，然后左右摆动一次或数次，最后再倾斜拉出焊料液面，时间为 3～5 s。通过这一操作能较好地完成印制板的焊接。

2. *自动浸锡炉*

按清除氧化物的方法，自动浸锡炉可分为两种，即自动溢流式浸锡机和自动刮板式浸锡机。其结构主要包括助焊部分、预热部分、锡锅、冷却部分、输送部分、电器控制部分等。该自动浸锡炉和高波峰焊机都是为元器件引线长插而设计的。此锡炉的焊接方式有两种。一种是必须使用车载工装的，在焊接时，车载工装沿着导轨轨迹升降，到焊接区时，车载工装沿着导轨轨迹下降，使 PCB 焊盘与波峰接触而焊接；另一种是采用节拍式，它是通过锡炉的升降来进行焊接的。即在 PCB 到达锡炉上方时，输送带停止，锡炉通过控制气缸或电极上升，让波峰面与 PCB 接触，从而完成焊接的。

3. *高波、单波、双波、波浸一体锡炉*

它们的结构基本和自动浸锡炉一样，只是按其各自不同使用的特点，改变某些传动结构、喷锡方式和控制方式。

锡炉的结构各有不同，但是主要工作流程基本一致，焊接流程几乎完全相同，即进板→涂覆助焊剂→预热→焊接→冷却→下板，几个主要工作部分是相同的。助焊区是让 PCB 在焊接前涂覆助焊剂的区域，因其构造不同，涂覆的方式也不相同，有浸蘸式、流动式、发泡式、喷雾式等；预热区是对涂覆助焊剂后的 PCB 进行加热，从而使助焊剂达到最佳活性的区域。预热加热可以促进助焊剂活化，挥发和烘干助焊剂内的溶剂和水分，防止印制板因过波峰急剧加热而损伤 PCB，为其提供一段过渡热；在锡锅的位置，焊料由泵（叶轮）从槽低位打到高位的喷嘴处，焊料在隆起处产生波峰（喷流式形成流动镜面），在波峰面上来不及形成氧化膜和杂物，可经常保持洁净状态，印制板能在焊剂的润湿和活化的作用下，保证焊接质量。

5.3.3 焊料

焊接工作中最重要的一点，就是要充分掌握焊料本身的性质和特点，然后选用最合适的材料和采用最佳的焊接工艺。

在电子装联领域中，焊接基本上都使用锡一铅焊料，其用途非常广泛，从电器零部件、元器件及引线的连接到普通端子和印制板的连接，都大量使用。

在普通波峰焊焊接时，焊料多用 63％的锡铅焊料。纯锡的熔点为

237.9 ℃，纯铅的熔点为 327.4 ℃，两者按 63∶37 的比例混合，熔化温度为 183 ℃（按其他比例的合金熔化温度都高于 183 ℃）；锡的抗拉强度为 1.5 kgf/mm^2，铅的抗拉强度为 1.4 kgf/mm^2，两者按 63∶37 的比例的合金焊料抗拉强度为 6～7 kgf/mm^2；锡的剪切强度为 25 kgf/mm^2，铅为 5 kgf/mm^2，两者按 63∶37 的比例的合金焊料剪切强度为 3～3.5 kgf/mm^2。

由此可知，锡铅合金的熔点随着含量的变化而发生变化，锡铅这两种纯金属和它们的共金体，在单一温度下熔化，共晶成分 63∶37 的锡铅合金熔点最低，操作比较方便，对元器件的伤害小，强度最高，从而改善了其机械性能。另外，由于铅的加入，提高了焊料的润湿性，增加了流动性，对焊接有很大好处，抗氧化性增强，提高了焊接质量，对导热性、硬度都有改善。因此选择 63∶37 的锡铅合金作为波峰焊接的合金焊料。

焊点的形成必须经历以下 3 个主要步骤：

（1）加热材料（铜箔、元器件引线等）。

（2）熔融焊料填充到热的焊接材料上并相互扩散。

（3）冷却、结晶形成合金。

优质的焊接是必须经过 3 个过程的，即润湿、扩散、合金层的形成。

（1）润湿：就是熔融焊料充分传播并覆盖在被焊的金属表面。

（2）扩散：当物质的浓度不同时，物质就会从浓度较高的一边扩散到浓度较低的一边，焊料与金属铜箔在界面接触并被加热，使得铜箔面上的铜原子和焊料中的锡原子在界面上形成浓度差，因此，锡原子向铜箔面内扩散，而铜原子就向焊料锡中扩散。

（3）合金层的形成：两种或两种以上的不同的金属相混合，通过扩散原理形成另一种金属（合金），它具有金属原有金属不同的特性，在焊点的形成过程中，印制板上的铜箔、引线及焊料之间会形成合金层。

在波峰焊接过程中，锡锅每天要焊接几百甚至上千块印制板，印制板元器件材料中所含的杂质会不断地熔入锡锅内，由于这些杂质的存在，会使得波峰焊的焊料成分发生变化，使波峰焊后的焊点虚假焊及连锡缺陷增多，从而导致焊接质量的下降，因此要把焊料中的杂质控制在最低程度，方能保证良好的焊接效果。因此，在实际使用过程中要根据焊料中的杂质的最高允许范围对焊料进行定期的化验分析，若焊料中的锡铅比例偏移正常范围，则应视情况进行适当的调整，必要时应将锡槽内的焊料全部更换。

5.3.4　波峰焊工艺技术

波峰焊有单波峰焊和双波峰焊之分。单波峰焊由于焊料的“遮蔽效应”容易出现较严重的质量问题，如漏焊、桥接和焊缝不充实等缺陷。而双波峰焊则较好地克服了这个问题，大大减少了漏焊、桥接和焊缝不充实等缺陷。

波峰焊过程：治具安装→喷涂助焊剂系统→预热→一次波峰→二次波峰→冷却。下面分别介绍各步内容及作用。

1. 治具安装

治具安装是指给待焊接的PCB板安装夹持的治具，可以限制基板受热变形的程度，防止冒锡现象的发生，从而确保浸锡效果的稳定。

2. 助焊剂系统

助焊剂系统是保证焊接质量的第一个环节，其主要作用是均匀地涂覆助焊剂，除去PCB和元器件焊接表面的氧化层和防止焊接过程中再氧化。助焊剂的涂覆一定要均匀，尽量不产生堆积，否则将导致焊接短路或开路。

助焊剂在焊接质量的控制上举足轻重，其作用是：①除去焊接表面的氧化物；②防止焊接时焊料和焊接表面再氧化；③降低焊料的表面张力；④有助于热量传递到焊接区。目前波峰焊接所采用的多为免清洗助焊剂。选择助焊剂时有以下要求：①熔点比焊料低；②浸润扩散速度比熔化焊料快；③黏度和比重比焊料小；④在常温下储存稳定。助焊剂系统有多种，包括喷雾式、喷流式和发泡式。目前一般使用喷雾式助焊系统，采用免清洗助焊剂，这是因为免清洗助焊剂中固体含量极少，不挥发物含量只有1/5～1/20。所以必须采用喷雾式助焊系统涂覆助焊剂，同时在焊接系统中加防氧化系统，保证在PCB上得到一层均匀细密很薄的助焊剂涂层，这样才不会因第一个波的擦洗作用和助焊剂的挥发，造成助焊剂量不足，而导致焊料桥接和拉尖。喷雾式有两种方式：一是采用超声波击打助焊剂，使其颗粒变小，再喷涂到PCB板上。二是采用微细喷嘴在一定空气压力下喷雾助焊剂。这种喷涂均匀、粒度小、易于控制，喷雾高度/宽度可自动调节，是今后发展的主流。

3. 预热系统

助焊剂中的溶剂成分在通过预热器时，将会受热挥发。从而避免溶剂成分在经过液面时高温汽化造成炸裂的现象发生，最终防止产生锡粒的品质隐患。待浸锡产品搭载的部品在通过预热器时的缓慢升温，可避免过波峰时因骤热产生的物理作用造成部品损伤的情况发生。预热后的部品或端子在经过波峰时不会因自身温度较低的因素大幅度降低焊点的焊接温度，从而确保焊接在规定的时间内达到温度要求。

波峰焊机中常见的预热方法有3种：①空气对流加热；②红外加热器加热；③热空气和辐射相结合的方法加热。一般预热温度为130～150 ℃，预热时间为1～3 min。预热温度控制得好，可防止虚焊、拉尖和桥接，减小焊料波峰对基板的热冲击，有效地解决焊接过程中PCB板翘曲、分层、变形问题。

4. 焊接系统

焊接系统一般采用双波峰。在波峰焊接时，PCB板先接触第一个波峰，然后接触第二个波峰。第一个波峰是由窄喷嘴喷流出的“湍流”波峰，流速快，对组件有较高的垂直压力，使焊料对尺寸小、贴装密度高的表面组装元器件的焊端有较好的渗透性；通过湍流的熔融焊料在所有方向上擦洗组件表面，从而提高了焊料的润湿性，并克服了由于元器件的复杂形状和取向带来的问题；同时也克服了焊料的“遮蔽效应”湍流波向上的喷射力足以使焊剂气体排出。因此，即使印制板上不设置排气孔也不存在焊剂气体的影响，从而大大减小了漏焊、桥接和焊缝不充实等焊接缺陷，提高了焊接可靠性。经过第一个波峰的产品，因浸锡时间短以及部品自身的散热等因素，浸锡后存在着很多的短路，锡多，焊点光洁度不正常以及焊接强度不足等不良内容。因此，紧接着必须进行浸锡不良的修正，这个动作由喷流面较平较宽阔，波峰较稳定的二级喷流进行。这是一个“平滑”的波峰，流动速度慢，有利于形成充实的焊缝，同时也可有效地去除焊端上过量的焊料，并使所有焊接面上焊料润湿良好，修正了焊接面，消除了可能的拉尖和桥接，获得充实无缺陷的焊缝，最终确保了组件焊接的可靠性。

THT 生产工艺视频

5.3.5　质量控制

通过合适的设计，可以避免很多焊接质量缺陷的发生。在设计插件元件焊盘时，焊盘大小尺寸设计应合适。如果焊盘太大，焊料铺展面积较大，形成的焊点不饱满，而较小的焊盘铜箔表面张力太小，形成的焊点为不浸润焊点。孔径与元件引线的配合间隙太大，容易虚焊，当孔径比引线宽 0.05～0.2 mm，焊盘直径为孔径的 2～2.5 倍时，是焊接比较理想的条件。

波峰焊接对印制板的平整度要求很高，一般要求翘曲度小于 0.5 mm，如果大于 0.5 mm 要做平整处理。尤其是某些印制板厚度只有 1.5 mm 左右，其翘曲度要求更高，否则无法保证焊接质量。在焊接中，无尘埃、油脂、氧化物的铜箔及元件引线有利于形成合格的焊点，因此印制板及元件应保存在干燥、清洁的环境下，并且尽量缩短储存周期。对于放置时间较长的印制板，其表面一般要做清洁处理，这样可提高可焊性，减少虚焊和桥接，对表面有一定程度氧化的元件引脚，应先除去其表面氧化层。

锡铅焊料在高温下（250 ℃）不断氧化，使锡锅中锡-铅焊料含锡量不断下降，偏离共晶点，导致流动性差，出现连焊、虚焊、焊点强度不够等质量问题。可采用以下几个方法来解决：①添加氧化还原剂，使已氧化的 SnO 还原为 Sn，减小锡渣的产生；②不断除去浮渣；③每次焊接前添加一定量的锡；④采用含抗氧化磷的焊料；⑤采用氮气保护，让氮气把焊料与空气隔绝开来，取代普通气体，这样就避免了浮渣的产生，这种方法要求对设备改型，并提供氮气。目前最好的方法是在氮气保护下使用含磷的焊料，可将浮渣率控制在最低程度，焊接缺陷最少，工艺控制最佳。

第 6 章

电子小产品的安装调试

安装与调试是电子技术中的基本工艺，电子产品必须经过安装才能由零散的元器件组合成为一件完整的成品。一件成品也必须经过调试后才能正常工作，作为一件合格的产品出厂。

6.1　安装前的准备工作

电子产品的安装是将各种零散的元器件按照图纸设计的要求组合连接来形成整机的过程，安装工作的工作量主要集中在印刷电路板上元器件的安装，通常指将带引线的元器件插入电路板相应的安装孔内，焊好。随着产品的小型化，表面贴装元器件（SMC 与 SMD）及贴装技术（SMT）的出现改变了安装的传统意义，但在部分产品测试的过程中，手工焊接贴片元器件还是存在的。在产品的开发与维修中手工焊接还是发挥了极大的作用，作为一个初学者，应该掌握手工焊接插件元器件和贴片元器件，在此基础上再去学习自动化的焊接工艺。

安装工艺是以安全高效地生产出优质产品为目的的，应该做到以下几点：

（1）使生产效率达到最高状态。

（2）确保产品质量优良稳定。

（3）确保每个元器件在安装后能以其原有的性能在整机中正常工作。

（4）制定详细的操作规范。

（5）工序的安排要便于操作，以保持工件之间的有序安排和传递。

（6）保持工作场地整洁有序，有效地控制多余物的产生和危害。

（7）有效地防止各种野蛮操作，保证各种元器件的完好。

（8）完备的劳动保护措施和严格的安全操作规程。

为了做到以上几点，人们制定出各种工艺流程，按照工艺流程来安排各项工作，可以得到令人满意的合格产品。工艺流程因产品不同而异，大致可以归纳为图6-1中的几种情况。

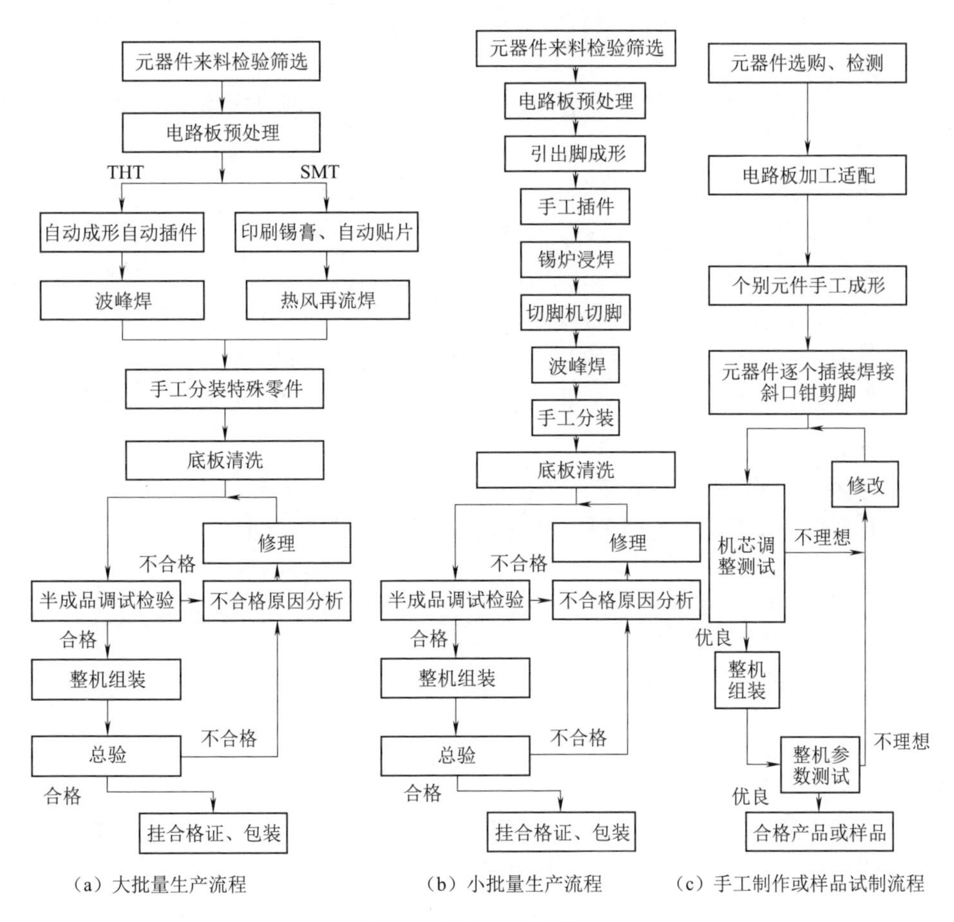

（a）大批量生产流程　（b）小批量生产流程　（c）手工制作或样品试制流程

图6-1　安装工艺的流程

根据工艺流程，不管使用自动工艺还是手工工艺，在安装之前都要对元器件进行检验。因为一个电子产品所用的一个元器件数量往往很多，整机的正常工作有赖于每一个元器件的可靠性，只要其中一个不合格，就会影响到整机的工作，因此在安装之前要对所有的元器件再进行一次检验，有时还要进行老化和筛选。

元器件的检验是对元器件的各项性能指标进行检查，包括外观检查和电气性能测试两个方面。检查时对批量生产可以从中抽样进行，而小批量的生产和产品试制时必须对元器件进行全面的检测。

元器件经过检验后都要进行预处理。

1. 印制电路板

批量生产时电路板是由电路板厂按设计图纸成批量生产出来的，通常不需要处理即可直接投入使用。但是必须做好来料的抽样检验工作：应检查板基的材质和厚度，铜箔电路腐蚀的质量，焊盘孔是否打偏，贯孔的金属化质量如何，等等。

手工腐蚀出来的电路板则要经过打孔、砂光、涂松香酒精溶液等工序才能使用。打孔时使用 ϕ0.8～6 mm 的小型台钻，安装一般元器件打 ϕ0.8 mm 的孔即可，特殊元器件则根据其引脚大小作相应的变化，孔径应该比元器件引脚大 0.2～0.5 mm，其大小应该便于元器件的安装与拆卸，又使得元器件的引脚与焊盘之间容易形成完整的焊点。钻完孔后要先与外壳和关键元器件试配一次，看看尺寸是否符合要求，然后再用砂纸将电路铜箔打光，将碎屑打扫干净后立即涂一层薄薄的松香酒精溶液，晾干备用。松香酒精溶液应该事先配置好：将松香块溶入工业酒精，其浓度以方便均匀涂刷且有很好的遮盖性为准。

2. 元器件引脚

元器件的安装方法分为卧式和立式两种，如图 6-2 所示。

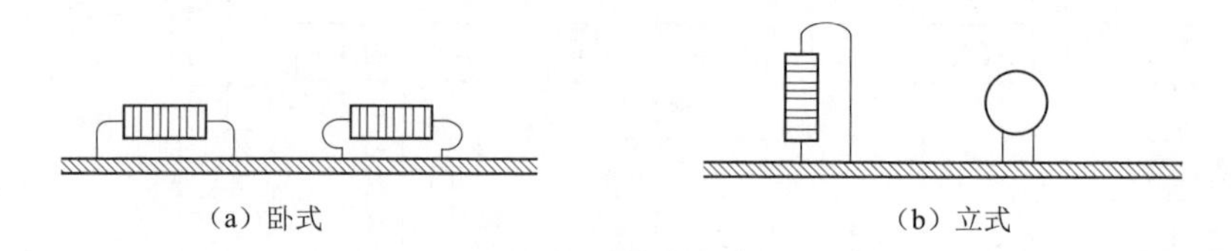

(a) 卧式　　(b) 立式

图 6-2　电阻卧式和立式安装

卧式安装美观、牢固、散热条件好、检查辨认方便，在电路板安装面积足够的情况下，应该尽量采用卧式安装。立式安装节省空间、结构紧凑。瓷片电容、电解电容、三极管等直插型元器件则只能立式安装。

在安装前，元器件的引脚都必须经过处理，使之成形，即根据电路板上的焊盘孔之间的距离以及设计者要求元器件离开电路板的高度尺寸，预先加工成一定的形状。只有经过成形的元器件才能保证安装工作的质量和效率。元器件成形后有图 6-3 所示的几种形式。

对于元器件引脚成形有以下几点要求：

(1) 成形尺寸要准确，形状要符合要求，方便后续工作的进行。手工少量生产、试制时元器件的引脚加工成图 6-4 所示形状。图中 L_a 为两焊盘之间的跨接间距，l_a 为元器件的长度，d_a 为元件引脚的直径或厚度，引脚折弯半径 $R \geqslant 2d_a$，r 大于元件体的半径。自动焊接时最好将元器件引脚加工成图 6-5 所示的形状。

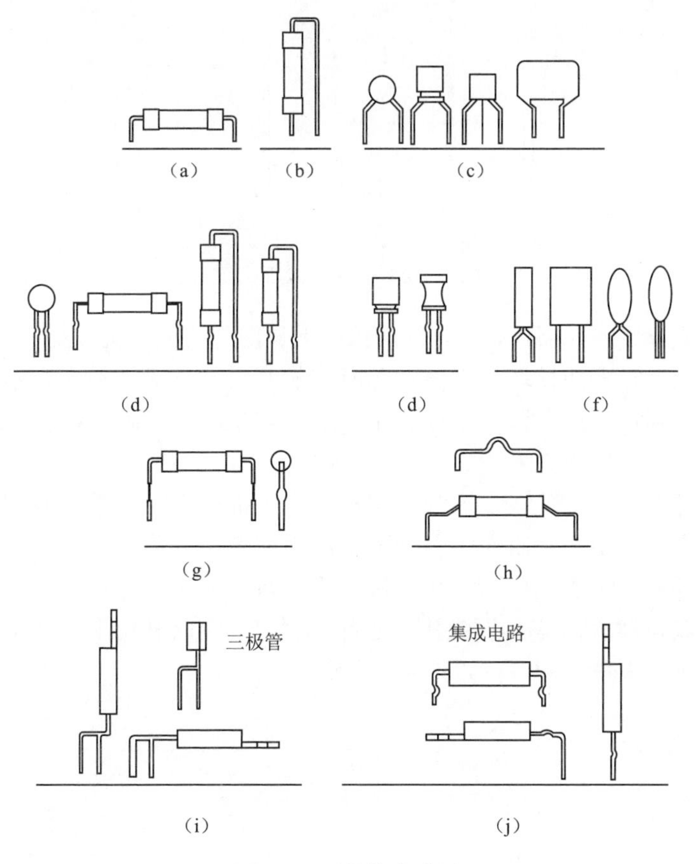

图 6-3　元器件成形图

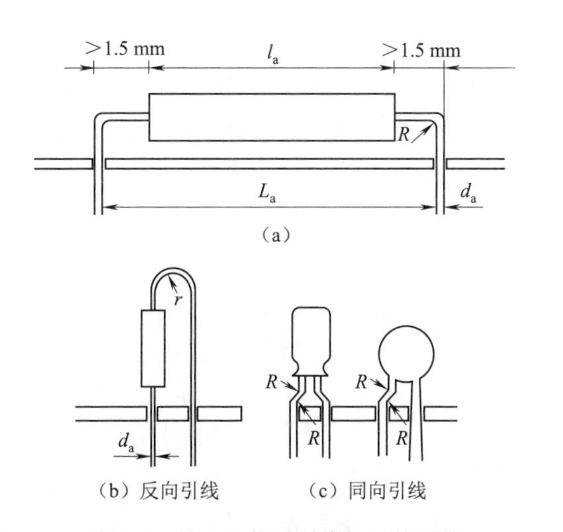

图 6-4　手工组装时引线加工的形状

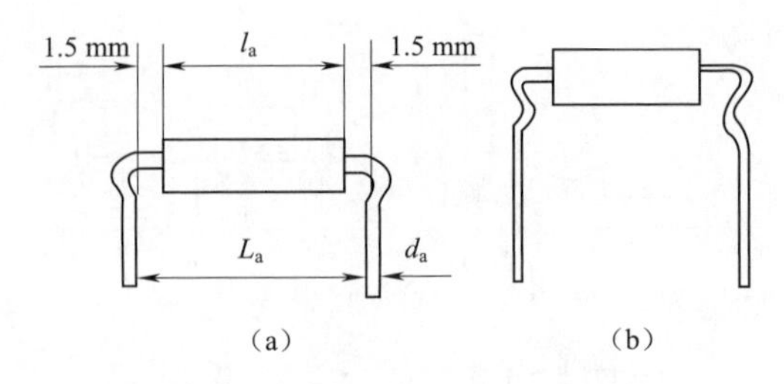

图 6-5　自动焊接时引线加工的形状

（2）成形后的元器件，其标注应该向上、向外，使整机美观，便于检修。

（3）成形时不能损坏元器件，不能刮伤其引脚的表面镀层，不能让元器件的引脚受到轴向拉力和额外的扭力，折弯点离引脚根部要保持一定的距离，避免将引脚连根折断。

元器件引脚成形现在一般都采用模具，大批量生产已采用专用设备，手工少量生产、试制时元器件的引脚可以使用尖嘴钳或镊子加工。加工时要注意的是工具夹持时要夹住靠近元器件一边，在外侧用手进行弯曲，避免伤害元器件。双列直插式集成电路引脚之间的距离也可以利用平整的桌面或抽屉边缘手工操作来进行调整，如图 6-6 所示。

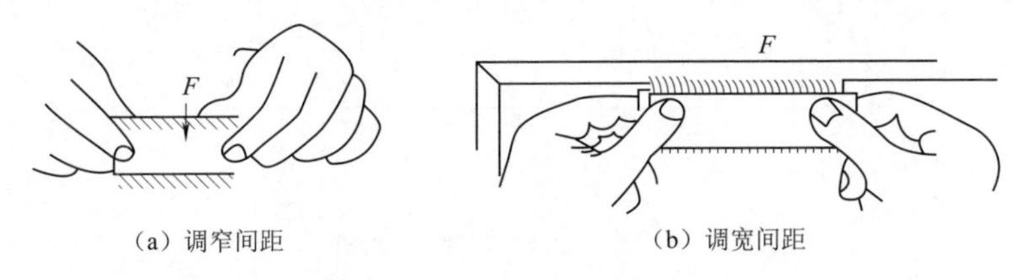

图 6-6　元器件引脚的调整

某些元器件的引脚由于氧化或材料性质的原因，可焊性不好，应该先除去氧化层，上锡后再安装，避免虚焊。漆包线和线芯氧化的多股导线应该先将外面的漆和氧化膜去除，然后再上锡，多股导线上锡时要将所有的线芯都包裹在锡里面，不能有单股的线芯在外面，否则容易引起短路。

6.2　安装工艺

元器件经过预处理之后就要开始往电路板上进行安装了，其安装又分为两个步骤：插装与焊接。

元器件在插装时要采用某一基准进行统一，在电路板上设定 $x-y$ 轴，使插装的元器件上的各种文字标注在 y 轴上都从里往外、在 x 轴上都从左至右读出。带极性的元器件如电解电容、二极管等必须由电路板上的方向性标记决定，但是要求能方便地看出极性标记。

插装时还要注意元器件与电路板之间的距离，元器件的安装分为贴装和浮装两种方式。贴装是将元器件紧紧地贴在电路板上的安装方法，浮装是指元器件与电路板之间留有一定距离的安装方法。一般来说元器件贴装能使产品的体积较小，采用得比较多，但在某些情况下必须采取浮装方法：

（1）要求浮装在板面上的元器件。

（2）发热大的元器件。

（3）沿轴线方向具有相互反向引线的电阻、二极管进行垂直插装时。

（4）电路板上安装孔的跨接距离和元器件引线的间距不一致，贴装会使引线根部承受过大的外力时。

（5）因锡焊热而使性能变坏的元器件。

（6）结构上不适于贴装的元器件。

浮装时要求元器件的底面离电路板有 3～7 mm 的距离，一般取 4～5 mm。

元器件插装完成后就可以进行焊接了。焊接的具体方法在第 1 章中已经讲过，这里不再重复。大家应该注意的是手工操作时不要将所有的元器件都插装以后再进行焊接，因为并不是所有的元器件高度都相同，若将所有的元器件都插装以后再进行焊接，则在将电路板反过来进行焊接时，有一部分元器件可能会掉出来，或调整好的高度发生变化，焊接完成以后还必须进行调整，降低了效率；另外都插装以后所有的引脚都在焊接面上，使电烙铁的工作有可能无法进行。因此，应该插装一部分，焊接一部分，再检查下一步是否有错误，无误后将焊好的元器件多余的引脚剪掉，然后插装另外一部分。

元器件安装的顺序以前道工序不影响后道工序为原则，一般是先装低矮的小功率卧式元器件，然后安装立式元器件和大功率卧式元器件，再装可变元器件、易损元器件，最后安装带散热器的元器件和特殊元器件。即“先低后高，先小后大，先一般后特殊”的原则。

下面在手工安装的基础上对各种元器件的安装进行详细的讲解。

1. 集成电路

由于集成电路的特殊性，在安装时必须做到以下几点：

（1）拿取时必须确保人体不带静电，焊接时必须确保电烙铁不漏电。人们的衣着和生活环境有时可以使人体带静电，这种静电对于 MOS 器件的集成电路来说可形成几万伏的高压，可以对它们造成永久性的损坏。可以通过事先触摸一下自来水管等接地的金属管道来中和接地负荷，有条件的车间可以铺设抗静电地板、穿静电工作服等措施防止静电损害。另外用手拿取时注意不要接触集成电路的引脚。在使用电烙铁时也要注意电烙铁的漏电，要预先接好电烙铁的安全地线，必要时可采用待电烙铁预热后拔掉电源插头的办法进行集成电路的焊接。

（2）注意方向不要装反。由于集成电路一般都是对称排列的引脚，稍不留意就会插反，因此应当先认准集成电路的1脚，对应于电路板上的1孔。集成电路的1脚一般都会在朔封的1脚处做个标记：印着一个小凹点或做成一个小倒角。对于没有标记的双列直插封装集成电路，则应将两列引脚的首尾连起来看成一个环，从底部看过去封装上有缺口标记的一端开始，以右旋数起第一脚为1脚，然后依次为2、3、4……脚。

（3）安装之前确保各引脚平直、清洁、排列整齐、间距正常。

（4）穿孔插装时，要让所有的引脚都套进以后再往下插，不要操之过急，否则弄弯了一两个引脚还得整形，耽搁时间。

（5）带散热器的集成电路应该先装好散热器，待散热器和底板固定好后再焊接集成电路的引脚。

（6）某些功率比较大、发热量比较大的集成电路，焊接前应将引脚做出一段弧形，以作为热胀冷缩时的缓冲，避免焊点热老化而引起虚焊故障。

（7）在手工焊接贴片集成电路时，一定要注意将其引脚与焊盘对齐，先焊上1～2个引脚，观察一下其余引脚的情况，位置都正确了才能用滚焊的方法把其他引脚都焊上。万一有个别引脚没有焊好，再用电烙铁补焊。

2. 集成电路插座

在安装集成电路插座时，主要应注意方向的问题，要把有缺口标记的一端作为1脚所在的一端进行安装。虽然插座本身在电气上并没有极性之分，但插入集成电路时一般是根据插座的标记而插入的，因此插座装反后会影响集成电路的插入。另外，集成电路插座引脚的可焊性比较差，容易出现虚焊，在焊接时一定要注意焊接质量。

3. 晶体管

在安装各种晶体管时要注意分辨它们的型号、出脚次序和正负极性；要防止在安装焊接的过程中对它们产生的损伤。晶体管的封装外形有时完全相同，容易混淆，有时即使是同一型号的器件，由于生产厂商不同，其出脚次序也有变化，一定要认准其排列，不要相互插错。安装绝缘栅型场效应管（MOS管）时，与集成电路一样要注意防止静电的损害。

4. 电阻

安装电阻时要注意的是区分同一电路中阻值相同而功率不同、类型不同的电阻，不要相互插错。安装大功率电阻时要注意使之与底板和其他元器件保持一定的距离，以利于散热。小功率电阻尽可能采用卧式贴装，以减少引线形成的分布电感。安装热敏电阻时要让电阻靠紧发热体，并用导热硅脂填充两者之间的空隙。

5. 电容

安装瓷片电容时要注意其耐压级别和温度系数。安装电解电容时要注意极性，尤其是铝制电解电容，极性接反后通电工作时会急剧发热，引起鼓泡、爆炸。安装可变电容、微调电容时也有极性问题，要注意让接触人体动片那一极接“高频地电位”焊盘，不能颠倒，否则在调节时人体附上去的分布电容使调节无法进行。

6. 电感

固定电感外形如电阻一般，其引脚与内部导线的接头部位比较脆弱，安装时要注意保护，不能强拉硬拽。安装空心电感线圈时除了注意不要随意变动线圈的匝数等参数外，还要注意其左、右旋的绕向，若绕向不对，插装后电感的磁场指向会大不相同。多绕组电感、耦合变压器，在分清初级、次级以后还要分辨各绕组的“同名端”。

7. 电位器

电位器从结构上分为旋轴式和直线推拉式两种。阻值相同的电位器，按阻值变化的特性又分为直线式、对数式和反对数式。它们在外形上没有什么差别，完全靠标注来区分，在安装时不要搞混，必要时应用仪表来分辨。安装固定在面板上的旋轴式电位器时要将定位销子套好后再紧螺母。安装直线推拉式电位器时不要将方向颠倒。直接安装在电路板上的电位器应该先焊支架的固定脚再焊其他引脚。安装微调电位器时要对准位置，以方便调节。作为可变电阻使用的电位器，多余的固定端要与滑变端短接，以免调节时造成电路的瞬时中断，金属外壳或支架都应尽可能地接地。

8. 中周

中周实际上是一个小型的高频可变电感或变压器，由外壳、塑料骨架、磁芯、绕线等组成，有的还内附谐振电容。同一块电路板上往往要安装几只外观相同而参数不同的中周，安装时要注意分辨型号，不要弄错。由于中周的外壳可焊性差，散热又快，焊接时间稍长就会使里面的塑料骨架变形而卡死磁芯，变得不能调节，因此，焊接时可以将烙铁头稍微插进去一些，使电烙铁的工作温度较高，加快焊接速度。

6.3　调　　试

由于元器件特性参数的分散性、装配工艺的影响以及其他如元器件缺陷和干扰等各种因素的影响，使得安装完毕的电子电路不能达到设计要求的性能指标，需要通过调整和试验来发现、纠正、弥补，使其达到预期的功能和技术指标，这就是电子电路的调试。

6.3.1 调试的步骤

调试的一般步骤如下：

（1）经过初步调试，使电路处于正常的工作状态。

（2）调整元器件的参数以及装配工艺分布参数，使电路处于最佳工作状态。

（3）在设计和元器件容许的条件下，改变内部、外部因素（如过压、过流、高温、连续长时间工作等）以检验电路的稳定性和可靠性。

调试时一般按照先静态调试后动态调试的原则进行。

内部具有电源的电子电路一般要首先调试电源电路，然后依次调试其他单元电路。

对于简单的电路，首先在电路没有加输入信号的直流状态下测试和调整各项技术性能指标，即静态调试；然后再输入适当的信号测试和调整各项技术性能指标，即动态调试。

对于复杂的电路，通常按其电路功能分块进行调试，逐块检查，即所谓的分调。在分调的基础上再对电路整体的技术性能指标、波形参数进行测试调整，即所谓的统调。

若是由框架和若干印制电路板通过连接器或导线束连接而成的设备，则应该先对每块电路板进行单板调试，然后在整机上对各单板之间、单板与框架电路之间的匹配等进行统调，这样便于发现和排除故障并实现整机性能。

而那些由若干电子设备组成的电子系统，则应在各电子设备调试完成的基础上，针对各子系统分担的功能及其相互关联、信号流程、控制关系、信号匹配等方面进行联机测试调整，使整个系统能够协调、完善、有效、稳定地运行。调试的一般程序如图 6-7 所示。

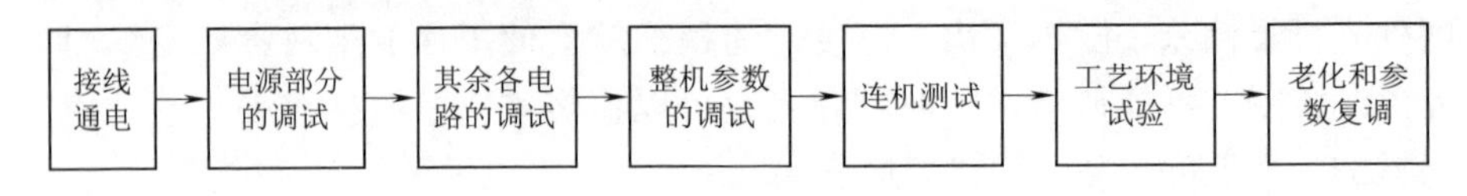

图 6-7 测试的一般程序

6.3.2 调试的准备工作

在调试之前，调试人员应该做好以下准备工作：

（1）明确电路调试的目的和要求达到的技术性能指标。

（2）能够掌握正确的使用方法和测试方法。

（3）熟练使用测量仪器和测试设备。

（4）能够运用电子电路的基础理论分析处理测试数据和排除调试中的故障。

（5）能够在调试完毕后写出调试总结并提出改进意见。

同时，还要准备好以下几个方面的资料：

（1）准备技术文件。准备技术文件主要是指做好技术文件、工艺文件和质量管理文件的准备，如电路（原理）图、方框图、装配图、印制电路板图、印制电路板装配图、零件图等文件的准备。掌握好以上各技术文件的内容，了解电路的基本工作原理、主要技术性能指标、各参数的调试方法和步骤等。

（2）准备测试设备。要做好测量仪器和测试设备的检查工作，检查其是否处于良好的工作状态，是否有定期标定的合格证，检查测量仪器和测试设备的功能选择开关、量程挡位是否处于正确的位置，尤其要注意测量仪器和测试设备的精度是否符合技术文件规定的要求，能否满足测试精度的需要。

（3）准备被调试电路。在调试前要检查被调试电路是否按电路的设计要求正确安装连接，有无虚焊、脱焊、漏焊的现象，检查元器件的好坏及其性能指标，检查被调试设备的功能选择开关、量程挡位和其他面板元器件是否安装在正确的位置。经检查无误后方可按调试操作程序进行通电调试。

6.3.3　静态调试

所谓静态调试，即在电路未加入输入信号的直流工作状态下测试和调整其静态工作点与静态技术性能指标。

不论用分立元器件还是用集成电路组成的模拟电路或数字电路，其静态调试有各自的方法和步骤。通常对分立元器件的单元电路逐个进行调试，调试前可先检查器件本身好坏。调试时首先检查和调整静态工作点，然后进行各静态参数的调整，直到各部分电路均符合相应的各项技术性能指标为止。对集成运放要进行消振以消除自激振荡，避免不加任何输入时仍有一定的输出。进行调零以克服运放失调电压和失调电流的影响，保证零输入时零输出。对数字集成电路，先对单片集成电路分调，检查其逻辑功能，高低电平、有无异常等，然后总调一对多片集成电路的组合电路输入单次脉冲，对照真值表进行调试。经过调整和测试，紧固各调整元件，选定并装好各调试元件，对整机装配质量进一步检查后，对设备进行全参数测试，各静态参数的测试结果均应符合规定的各项技术指标。应当注意的是，静态工作点的调整对动态指标有影响，调试时应全面考虑，统筹兼顾。

6.3.4 动态调试

所谓动态调试，即在对电子电路输入适当信号的工作状态下测试和调整其动态指标。动态调试是在静态调试的基础上进行的。调试的关键是善于对实测的数据、波形和现象进行分析和判断。发现电路中存在的问题和异常现象，并采取有效措施进行处理，使电路技术性能指标满足预定的要求。这需要具备一定的理论知识和调试经验。

调试的方法是在电路的输入端接入适当频率和幅值的信号，并循着信号的流向逐级检测各有关点的波形、参数和性能指标。发现故障现象，应采取不同的方法缩小故障范围，最后设法排除故障。因为电子电路的各项指标互相影响，在调试某一项指标时往往会影响另一项指标，实际情况错综复杂，出现的问题多种多样，处理的方法也是灵活多变的。

动态调试时必须全面考虑各项指标的相互影响，要用示波器监视输出波形，确保在不失真的情况下进行调试。作为放大用的电路，要求其输出电压必须如实地反映输入电压的变化，即输出波形不能失真。常见的失真现象，一是晶体管本身的非线性特性引起的固有失真，使采用改变电路元件参数的方式很难克服；二是由电路元件参数选择不当使工作点不合适，或由于信号过大引起的失真，如饱和失真、截止失真、饱和兼有截止的失真等。这些失真现象的波形及调试方法如表 6-1 所示。

表 6-1 各种失真波形及调试方法

测试条件		输入正弦波，NPN 型晶体管，示波器为正极性触发		
输出波形	共射接法	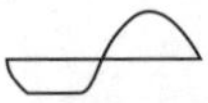		
	共集接法	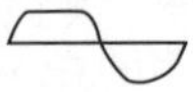	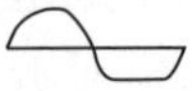	
	共基接法	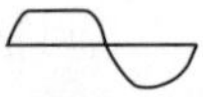		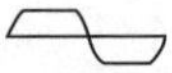
失真类型		饱和	截止	饱和兼截止
引起原因		工作点偏高	工作点偏低	输入信号幅度偏大
调试方法		降低工作点	提高工作点	减小输入信号幅度，加大 E_c

6.4 故障诊断与排除

在调试的过程中，会出现很多的故障：如干扰和噪声引起的故障、元器件的缺陷引起的故障、安装错误引起的故障等。发现了这些故障后就必须想办法来排除它们。而要想排除它们，首先必须知道其产生的原因。

6.4.1 故障的产生

电子故障产生的原因有很多，大体上可分三类：内部故障、外部故障和人为故障。

（1）内部故障：是指电子设备内部的元器件自然失效而引起的故障。

（2）外部故障：是指外界强电波的干扰、供电电压过低等引起的电路失效。

（3）人为故障：是指用户使用不当、操作失误、错误调整所造成的故障。如电源选择不对；方法不当造成各种旋钮破碎、开关损坏；设备中可调部件调整不当；保养不当，等等。

电子电路的故障在多数情况下都是电路接点开路和元器件损坏两种原因造成的。如果是电路接点开路，如导线折断、插接件断开等，检修起来通常比较容易。而元器件的损坏在许多情况下必须借助仪器才能检测判断，比较麻烦。了解各种元器件失效特点，对于检修电路故障，提高检修效率是非常重要的。

集成电路：其失效特点一般是局部损坏（击穿、开路）或性能变坏。对于局部损坏的集成电路，有些可以用分立元件外接修复。

晶体三极管：其失效特点一般是击穿、开路、漏电严重、参数变坏、截止频率低等，是故障率最高的一种器件。失效后一般必须用同型号的晶体三极管替换。

晶体二极管：其失效特点一般是击穿、开路、正反向电阻比变小、正向电阻变大等。失效后一般必须用同型号的晶体二极管替换。

电阻：电阻在电子电路中大量应用，其失效特点一般是引脚松脱、烧毁、阻值变大或变小、阻值随温度变化极不稳定。

电位器：其失效特点一般是接触不良、严重磨损、扭力过大而损坏。

电容：电容器的种类较多，一般可归结为有极性的电解电容器和无极性电容器等。电解电容器失效的特点是击穿短路、漏电增大、容量减小或断路，在高压的作下，也容易发生爆炸损坏。无极性电容器的失效特点是击穿短路或断路、漏电严重或电阻效应。

电感、线圈、变压器：其失效特点有断线、匝间短路、线圈与金属底座相碰短路漏电、磁芯松动或破碎、整个绕组线圈烧毁等。

插接件：其失效特点一般是严重氧化使其接触电阻增大、接点变形、焊点松脱等。

开关件：其失效特点一般是永久开或永久关失效。

磁性元件：其失效特点一般是退磁性能改变或磁体破裂等。

电真空器件：如电子管、显像管等，其失效特点一般是衰老、漏气、灯丝烧断极间漏电或短路、高压帽接触不良等。

6.4.2 故障的诊断

拿到一个有故障的电子电路后，应该能很快地找出其故障所在。要做到这一点，就必须先了解待修的电子设备，要仔细研究设备的技术说明书和使用说明书，了解各部分电子电路的工作原理，了解设备上各个操作旋钮及调节部件的使用、功能和特性，否则只会事倍功半，甚至越修越坏。另外，必须能熟练地使用有关的仪器设备对故障部位进行检查，并且能系统地分析关于电子设备的各种信息，这对于有效地查找故障所在极为有益。

故障的诊断一般按以下程序进行：

(1) 询问电子设备损坏前后的有关情况。了解电子设备损坏前有何现象，查看、查询有无他人检修拆卸过等。

(2) 在通电前观察电子设备有无明显的故障。如元器件的短路、烧毁以及损坏、脱落等明显的痕迹。

(3) 试用电子设备确定故障症状。通过试听、试看、试用等方式加深对电子设备故障的了解，设法接通电源，拨动各有关的开关、插头座，转动各种旋钮，仔细听输出的声音，观察显示出来的图像，等等。同时对照电路图，分析判断可能引起故障的地方。在试用电子设备的过程中要特别注意是否有各种严重损坏的现象，如设备冒烟、发火、爆裂、显像管上仅有一个极亮的斑点等。若出现这些现象，则应当立即切断电源，进一步查明原因。

(4) 通过试用后分析出故障所在。要设法查到它的电路图及印制电路接线图，实在查不到该设备的电路图时，可借鉴类似机型的电路图。了解了电路结构，就可以用单元电路模块化和功能流程图分析整个电器包含有几个单元电路，进而分析故障出在哪一个或哪几个单元电路之中。这样，就有可能缩小搜索范围，找出故障所在功能块和电路，迅速地查出故障位置。

诊断故障的方法有很多，下面介绍常用的几种：直观法、替代法、调整法、测量法、信号法、对分法、旁路法、示波法。

1. 直观法

直观法是指在打开电子设备后，用目视、手摸等办法直接查出已损坏的元器件，从而排除故障的方法。

用目视等方法能判断某些元器件损坏或电路工作不正常的现象。例如：电池夹、电池弹簧被电池中溢出液体锈蚀；电容爆裂、电解电容有电解液溢出的痕迹；电阻烧焦；可调电阻金属部件锈蚀；各种线头脱落、霉断，等等。

用手摸等方法能判断故障所在的有：触摸变压器及通过大电流的电阻，二极管、三极管等元器件，可能发现某些元器件异常发烫，这些元器件本身就很可能是坏的，或相关电路有故障；用转动或拨动电位器、微调电阻、可变电容器、高频头、各种开关的方法，发现电子设备发出噪声，或图像不稳定等现象的，常常是这些可转动、可拨动元器件已损坏。

2. 替代法

替代法适用于以下两种情况：第一种情况是用观察法发现有发热、损坏、破损等现象，在排除致使元器件损坏的原因后，拆下测量确定已损坏的元器件，用同型号或性能类似的元器件换入；第二种情况是对电路用单元电路模块化和功能块流程图分析后，对怀疑范围内的电阻、电容、电感、晶体管等元器件逐一拆下检测，发现性能不良的或已明显损坏的，可用性能好的元器件换入。

应用替代法时需注意 3 个问题：一要避免盲目性，尽可能缩小拆卸范围；二要保持原样，最好事先做好记录，先记下元器件原来的接法，再动手拆卸，最后按原位焊入；三要小心保护元器件，不要把原来好的元器件及电路板拆坏。

3. 调整法

通过调整电阻设备内部的微调电阻、微调电容、电感磁芯等可调部件，能排除常用电器的多种故障。

4. 测量法

测量法是使用万用表等测量电路的电压、电流、电阻值，从而判断故障在什么地方。可在通电时测试元器件的好坏和接点的通断，在通断后测试各工作点及其参数是否正常。

测量电压：如测量电源变压器初、次级交流电压有助于判断电源变压器是否损坏；测量各类音频功率放大器输出端交流电压能估算出功率大小，从而断定功率输出级或前置放大级工作是否正常……电压测量法的一般规律是：先测供电电源电压，再测量其他各点电压；先测关键点电压，再测一般点电压。

测量电流：适合用测量电流的方法寻找故障的电子电路主要有以下两大类：一是以直流电阻值较低的电感元件为集电极负载的电路；二是各种功率输出电路。测量电流时一般采用断开法，即焊下某个零件的一只接脚，串接上万用表电流挡测量。对于以电阻为集电极负载的电路，或在发射极串有百欧以上电阻的电路不必断开电路，只要测量该电阻的电压降，就可以计算出电流值。

测量电阻：测量中一般要求断开电源，用万用表的电阻挡直接测量印制电路板上的元器件。电子设备中常有各种引线的开路和接触不良，用测量电阻的方法就可以很容易地测出来。常见的故障有：印制电路板铜箔断裂、缠绕式接线头因氧化而接触不良、接插件接触不良、电池夹接触不良、电源开关内簧片接触不良等。

5. 信号法

信号法包括信号注入法和信号寻迹法。

信号注入法适合检修各种不带开关电路性质或自激振荡性质的放大电路，如各种收音机、录音机、电视机公共通道及视放电路、伴音电路等。被检修电路无论是高频放大电路，还是低频放大电路，都可以由基极或集电极注入信号。从基极注入信号可以检查本级放大器的三极管是否良好、本级发射极反馈电路是否正常，集电极负载电路是否正常。从集电极注入信号主要检查集电极负载是否正常、本级与后一级的耦合电路有无故障。检修多级放大器，信号可以从前级逐级向后级检查，也可以从后级逐级向前级检查。

信号寻迹法可以说是信号注入法的逆方法。原理是检查外来信号是否能一级一级地往后传送并放大。使用信号寻迹法检查收音机、录音机，首先要保证收音机、录音机有信号输入；将可变电容器调谐到有电台的位置上，或放送录音带；接着用探针逐级从前级向后级或从后级向前级检查。这样就能很快探测到输入信号在哪一级通不过，从而迅速缩小故障存在范围。

6. 对分法

对于比较复杂的电路可以采用此法。首先将电路按功能分成两个部分，找出有故障的部分，然后将此部分再进行对分法检查，直到找出故障点所在。

7. 旁路法

当电路有寄生振荡现象时，可以用电容器在电路的适当部位分别接入，使其对地短路一下，若振荡消失，则表明在此或前级电路是产生振荡的所在。不断使用此法试探，便可寻找到故障点所在。

8. 示波法

检修收音机、录音机的低放电路或高传真扩音机电路时，用信号发生器从前级输入正弦信号，用示波器逐级观察输出波形，看看波形有无失真、饱和削顶或乙类功率放大电路产生交越失真。示波法检修低放电路是寻找放大器失真原因的较为直观、准确的方法，也是应用较多的方法。

以上介绍了故障检查的 8 种方法，在实际的检修工作中，对于具体的电路并不是每一种方法都要用上，而要根据实际情况，选用合适的方法，有时还需要几种方法结合使用。通常先用直观法，对于损坏不太严重，又没有人为故障的电器，往往采用直观法检修就可以见效。对于很明显是由于电阻、电容、电感等元器件失调造成的故障，应采用调整法。如果已有把握将故障缩小在一个很小的范围内，那么最好使用替代法，并辅之以测量法。对于较隐蔽的故障，则可以采用测量法、信号法或示波法。对于比较复杂的电路，则最好采用对分法。测量法是各种检修方法中最基本、最重要的方法，同时又为其他检修方法提供故障存在的准确依据。

6.4.3　故障的排除

查到故障所在之后，就要设法将其排除。排除故障前，首先要准备一些必备的工具：万用表、示波器、信号发生器、直流稳压电源等设备，电烙铁、吸锡器、剥线钳、尖嘴钳、螺丝刀等常用工具。在检修某些设备时，还必须使用一些专用检测设备，如用于高频设备的综合测试仪、场强仪、频谱分析仪等；用于图像设备的扫频仪、图示仪、彩色信号发生器等；用于数字设备的逻辑脉冲发生器、IC 测试仪等。另外，还必须准备一些常用的易损元器件，以便在使用替代法诊断故障时使用。这些元器件一般包括各种阻值的电阻、常用容量的电容器、二极管、三极管、常用的 IC 集成电路等。

电子设备故障排除的一般程序，如图 6-8 所示。

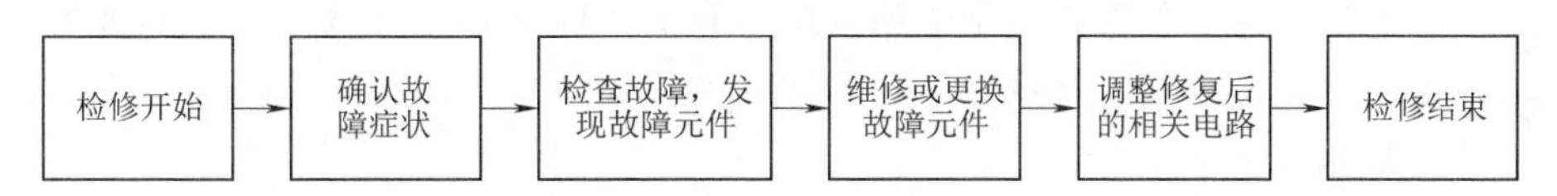

图 6-8　故障排除的一般程序

排除故障时要注意以下几点：

（1）先了解后动手、先理论后实践。首先要详细了解故障的现象、发生的情况等，然后再动手拆试。

（2）先简后繁、先易后难。对于多种故障，应先解决简单容易的小问题，再考虑复杂故障。

（3）先外后内、先机械部分后电路部分。这是由于电子设备的外部操作部件如开关、旋钮等经常受损，机械部件由于经常动作也比电子器件故障率高，加之机械故障比较简单易修。

（4）先电源后整机。当整机不能工作，指示灯也不亮时，首先要考虑电源电路是否完好。

（5）先静态后动态。一是在通电前应该仔细检查，看看元器件有无明显损坏，连接有无断开，确认无误后，再通电检查；二是转动部件，先空载后负载。先静后动是为了确保安全修复机器，避免故障进一步恶化，一般故障应尽量在静态条件下排除。

（6）先通病后特殊。有些特殊故障是多种原因造成的，甚至是由几种常见的故障共同交织在一起构成的，只要将几个通病故障排除了，特殊故障就迎刃而解了。

（7）先末级后前级。在检修时大多数应从末级单元电路开始，依次逐级对前级传输过来的信号进行分析，最后找到故障级电路，这样可以少走弯路。

(8) 注意拆卸顺序。拆机前应弄清其结构和位置，必要时要做好记号或画出草图，拆装时应认清各种螺钉，按次序进行。卸下的零部件应按先后次序排列整齐，比较小的零部件和螺钉最好用盒子存放。

(9) 检修完毕后要进行性能测试。

排除故障最常用的方法有以下4种：

(1) 焊接法：常见的故障是由于电路中的接点接触不良造成的，如插接点接触不牢；焊接点虚焊、假焊；电位器滑动端及开关等接点接触不良，等等。也有的是出现了机械损坏如断线、接点脱焊等。这些原因引起的故障一般是间歇或瞬时或突然不工作。根据这些现象，利用万用表就可以找到故障点，然后将其用电烙铁焊接即可。

(2) 替代法：另一些情况是由电子设备中元器件本身的原因引起的故障，如电阻、电容、电感、晶体管和集成电路等特性不良或损坏变质以及电容、变压器绝缘击穿等，常使电子电路表现为有输入而无输出或输出异常的现象，这种故障比较容易判断和排除。找出损坏的元器件后，用替换元件进行更换，电子电路即可正常工作。

(3) 调整法：在有些情况下，故障的排除需要对电子电路中的可调元件进行调整，使得信号恢复正常，如微调电阻、微调电容、电感磁芯等。应用调整法时要注意做到以下三点：第一，如有多个可调元器件，要一个一个地调整，切忌多个一起调整，以免调乱而比未调前性能更坏；第二，最好调整前在可调元器件上作个记号，标出原来的位置，以便需要时复原；第三，调节的步伐要小一些，每次的调整量要小一点，在判断出整机的性能的确有改善后再向前调整。

(4) 权宜法：在手头一时没有替换元件的情况下，为了应急，常使用权宜之计，以保障电路的主要功能可以实现，常用旁路直通法、暂时代换法、丢卒保帅法等。

在电子设备的故障被排除后，还必须对检修后的电子设备进行检验和校准。

首先进行操作检验，以验证所有功能都无问题，开始的故障已不存在，而且没有造成新的故障。若设备工作仍然不正常，则需继续查找故障。

其次是性能测试和校准。当故障排除，恢复工作后，要检查测试其性能指标是否达到原来的水平，若有差距，则要看是否在误差和要求许可的范围之内；若相差太大，则需要进行调整和校准，或重新检修。

操作检验和性能检查最好是反复多次，由多人进行，这有助于发现容易被忽略的问题。

检测完毕后，应仔细做好记录，包括故障症状、故障原因、查找方法、维修措施、调整方式、检测结果和校准精度等。

第 7 章 电子实习（基础）实例

7.1 音乐门铃 ZX2019

7.1.1 电路原理

ZX 系列音乐门铃集成电路是一种大规模 CMOS 集成电路，典型工作电压为 1.5～3 V，触发一次内存曲循环一次。利用该芯片支撑的音乐电子门铃原理图如图 7-1 所示。

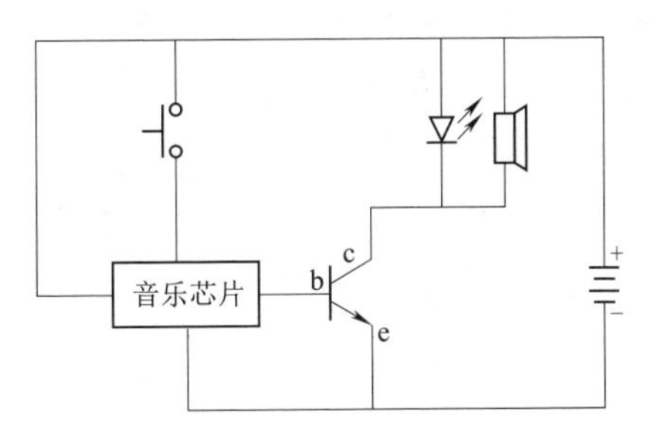

图 7-1 门铃原理图

可以看出外围元件很少，由电源、三极管、喇叭和按钮开关组成，电源采用两节五号电池，当按动音乐芯片上方的按钮时，就给音乐芯片一个脉冲信号，音乐芯片输出端输出一个微弱电信号到三极管的 b 级，经过此三极管放大了 β（100～300）倍。此放大过的电信号流经喇叭，通过喇叭的振动，发出音乐声。此时，同喇叭并联的发光二极管也会点亮。

7.1.2 产品装配

开关用来接通或者断开控制电路，驱动音乐集成电路工作，达到发出声音的目的。

音乐集成电路是整个电路的核心，分正反两面，所有元器件必须安装在有铜箔的一面。三极管是信号放大器，此三极管呈半圆柱形，平面朝上时，3 个脚从左至右分别为 E、B、C 脚，如图 7-2 所示。

图 7-2　三极管管脚图

1—发射极；2—基极；3—集电极

1. 开关的组装

开关有按键、开关座、导电横杆及弹簧组成，使用螺丝进行连接。弹簧很细小，在打开包装时要注意，以防丢失。

组装开关前，先将连接线与小焊片连接好。

(1) 将其中一条连接线的焊片安装在按键的中间位置，用螺丝固定。

(2) 把按键安装在开关座上，并将导电横杆安装在开关座中间，一端可以与另一根连接线的焊片一起直接用螺丝固定在开关座上，组成按键的导电部分。

(3) 将弹簧安装在按键背面的固定孔内，最后将横杆另一端用螺丝固定，防止按键和弹簧脱落。

开关组装完成后，弹簧将按键推离导电横杆，形成断路，音乐电路处于休眠状态。按下开关，按键背面连接了导线的螺丝触碰到接通了导线另一端的连接横杆金属面，形成回路，激发了音乐电路的工作。

2. 控制板的组装

控制板与元件需要通过焊接进行组装，完成后不易进行修改，所以在安装前，一定要辨识好元件的极性。

确定好三极管的引脚后，将三极管的引脚从音乐芯片的预留孔里穿过，并把它焊接在铜箔上。发光二极管可以直接焊在喇叭上，然后用导线连接开关、电源、控制芯片和喇叭，一定要注意二极管的正负极与电源的正负极对应。

3. 调试

在安装好各个部件后，按动门铃按钮，可以听见音乐的声音。如果有故障，先断开电源，认真核对各个元件的位置和参数是否正确，之后使用万用表检查相邻脚间是否有短路现象，有短路要马上排除。然后检查各脚与集成片是否焊通，不通或者有虚焊应马上补焊。

门铃制作视频

7.2　集成电路调频收音机 ZX3005

调频收音机电路主要由大规模集成电路 CXA1691 组成。由于集成电路内部不便制作电感、电容和大电阻以及可调元件，故外围元件多以电感、电容和电阻及可调元件为主，组成各种控制、谐振、供电、滤波、耦合等电路。收音机通过调谐回路选出所需的电台，送到变频器与本机振荡电路送出的本振信号进行混频，然后选出差频作为中频输出，中频信号经过检波器检波后输出调制信号（低频信号），调制信号（低频信号）经低频放大、功率放大后获得足够的电流和电压，即功率，再推动喇叭发出响动的声音。调频部分实现 87～108 MHz 调频广播接收，调谐方式为手动步进调谐。收音机原理图如图 7-3 所示。

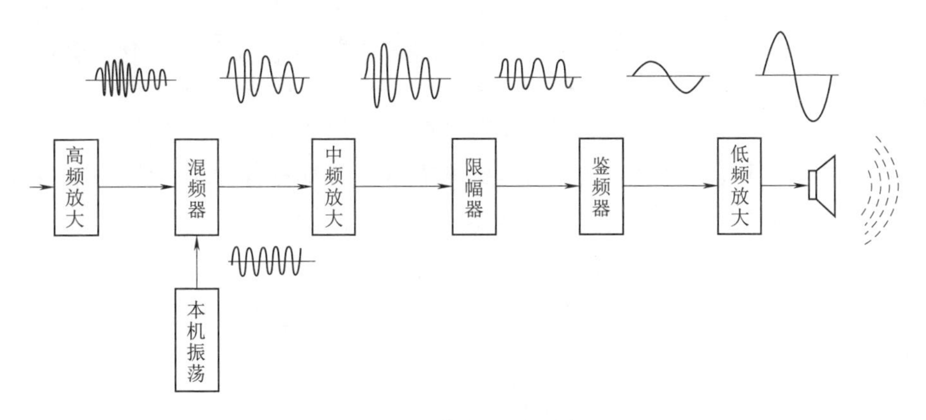

图 7-3　收音机原理图

7.2.1　工作原理

收音机的原理是把从天线接受到的高频信号，经检波还原成音频信号，送到扬声器变成音波。再把接收到的电台高频信号，用一个变频级电路将它转化为频率固定的中频信号，然后再对这个中频信号进行多级放大，再检波，低放。由于不同频率的无线电波用途较广、接受的电波较多，所以音频信号就会互相干扰，导致音响效果不好，所以当选择所需的电台时要把不要的信号“滤掉”，以免产生干扰，所以在收听收音机时，要使用选台按钮。收音机电路原理图如图 7-4 所示。

由于中频信号频率固定，且频率比高频已调信号低、中放的增益可以做

得较大，工作较稳定，通频带特性也可做得理想，这样可以使检波器获得足够大的信号，从而使整机输出音质较好的音频信号，所以中频调谐放大电路可以做到选择性好、增益高又不易自激。

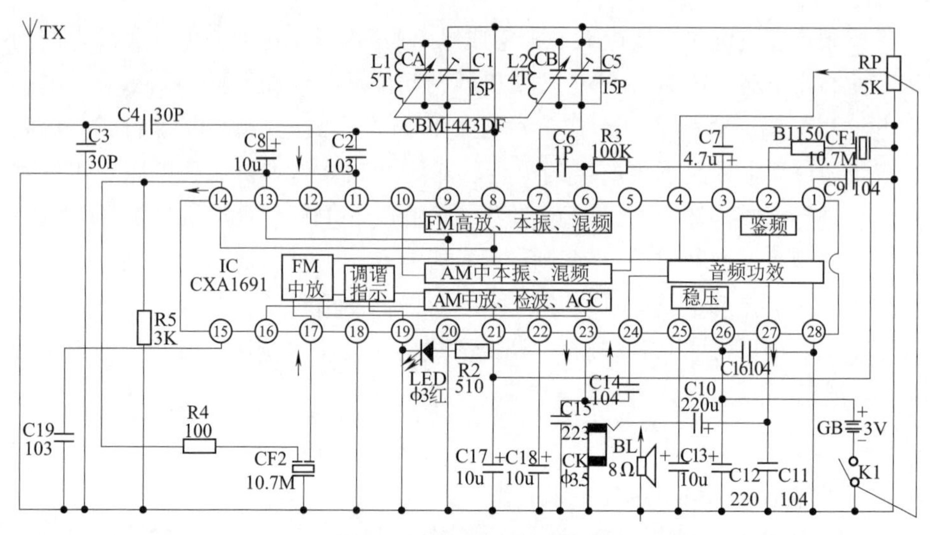

图 7-4　收音机电路原理图

集成电路收音机的特点是：结构比较简单，性能指标优越，体积小。FM 型的收音机电路可用图 7-5 的方框图来表示。

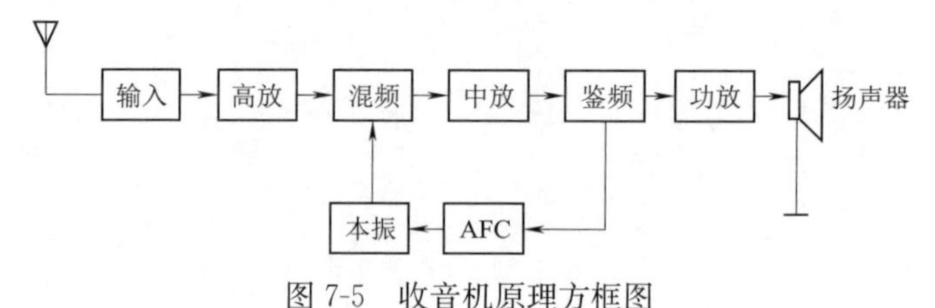

图 7-5　收音机原理方框图

7.2.2　装配收音机

1. 元器件装配顺序

（1）电阻：将电阻的阻值选择后根据两孔的距离弯曲电阻脚，可以采取卧式紧贴电路板安装，也可以采用立式安装。本次全部采取卧装在电路板上。

（2）电容：瓷介电容留一半高度，电解电容垂直插到底，注意正负极性。

（3）电位器：按图装配。

（4）发光二极管：分清正负极按外壳开孔位置弯曲好形状再焊。

（5）天线：分清初次级，处理好后按图焊接。

（6）电源线、扬声器：按图装配。

2. 焊接电路板的要求

印刷电路板的装配是整机质量的关键，装配质量的好坏对收音机的性能有很大的影响。焊接电路板总体要求如下：

（1）元器件在装配前务必检查其质量好坏，确保元器件是正常能使用的。

（2）装插位置务必正确，不能有插错、漏插。

（3）焊点要光滑、无虚焊、假焊和连焊。

3. 焊接电路板遵循的原则

（1）元器件的装插焊接：应遵循先小后大，先轻后重，先低后高，先外围再集成电路的原则。这里还介绍一种办法就是：以集成电路为中心，从 1 至 28脚外围电路元件依次一一清理的办法进行装配，这样有利于熟悉电路并按装配顺利进行。

（2）瓷介电容、电解电容及三极管等元件立式安装：引线不能太长，否则会降低元器件的稳定性，而且容易短路，也会导致分布参数受到影响甚至整机效果；但也不能过短，以免焊接时因过热损坏元器件。一般要求距离电路板面 2 mm，并且要注意电解电容的正负极性，不能插错。

（3）可调电容器（四联）的装插：六脚应插到位，不要插反（中心抽头多一个引脚的一面为调频部分可变电容），应该先上螺钉再进行焊接。

（4）音量开关电位器的安装：首先用铜铆钉固定两边开关脚，然后再进行焊接。使电位器与线路板平行，在焊电位器的 3 个焊接片时，应在短时间内完成，否则易焊坏电位器的动触片，从而造成音量电位器不起作用而失调或接触不良。

（5）集成电路的焊接：CD1691 为双列 28 脚扁平式封装，焊接时首先要弄清引线脚的排列顺序，并与线路板上的焊盘引脚对准，核对无误后，先焊接 1、15 脚用于固定 IC，然后再重复检查，确认后再焊接其余脚位，芯片管脚电压见表 7-1。由于 IC 引线脚较密，焊接完后要检查有无虚焊、连焊等现象，确保焊接质量，否则会有损坏 IC 的危险。

表 7-1　芯片管脚电压

脚位	1	2	3	4	5	6	7	8
FM 电压/V	0	2.18	1.5	1.25	1.25	1.25	1.25	1.25
脚位	9	10	11	12	13	14	15	16
FM 电压/V	1.25	1.25		0.3		0.36	0.84	0
脚位	17	18	19	20	21	22	23	24
FM 电压/V	0.34	0	1.6	0	1.25	1.25	1.25	0
脚位	25	26	27	28				
FM 电压/V	3.0	3.0	1.5	0				

7.2.3 收音机的调试

在调试前必须确保收音机能接收到沙沙的电流声（或电台），若听不到电流声或电台，应先检查电路的焊接有无错误、元件有无损坏，直到能听到声音才可做以下的调整实验。

收音机的调整有以下 3 种：

（1）调中频——调中频调谐回路。中放电路是决定收音电路的灵敏度和选择性的关键所在，它的性能优劣直接决定了整机性能的好坏。调整中频变压器，使之谐振在 FM/10.7 MHz 频率，这就是中放电路的调整任务。

收音机制作视频

（2）调覆盖——调本振谐振回路。在调频收音机中，决定接收频率的是本机振荡频率与中频频率的差值，而不是输入回路的频率，因此，调覆盖实质是调本振频率和中频频率之差。因此调覆盖即调整本振回路，使它比收音机频率刻度盘的指示频率高 FM/10.7 MHz。在本振电路中，改变振荡线圈的电感值（调节磁芯）可以较为明显地改变低频端的振荡频率（但对高频端也有影响）。改变振荡微调电容的电容量，可以明显地改变高频端的振荡频率。

（3）统调——调输入回路。统调又称调整灵敏度。本机振荡频率与中频频率确定了接收的外来信号频率，输入回路与外来信号的频率的谐振与否，决定了超外差收音机的灵敏度和选择性（选台功能），因此，调整输入回路使它与外来信号频率谐振，可以使收音机灵敏度高，选择性较好。调整输入回路的选择性也称调补偿或调跟踪，因此，调整谐振回路的谐振频率主要是调整灵敏度，使整机各波段的调谐点一致。调整时，低端调输入回路线圈在磁棒上的位置，高端调天线接收部分与输入回路并联的微调电容。

7.3 USB-LED 多功能小夜灯 ERT106

声光控电路已成为人们日常生活中的必需品，声光控电路是声音和光控制电路工作的电子开关。在不使用单片机的情况下需要完成声效的检测、还要判断光线强弱，并且控制 USB 移动照明小灯，通过 NE555 这款经典而又实惠的小芯片，加上跳选开关，可以让声效和光控独立工作。USB 移动照明小灯的功能有：普通灯应用、声控延时灯应用、光控灯应用、声效光控延时灯应用。

7.3.1 工作原理

将声音（如击掌声）和光转化为电信号，经放大、整形，输出一个开关信号去控制各种电器的工作。通过调节电阻和电容的大小来改变灯亮的时间长短，如果时间过长就应该减小电阻或电容的值，反之则增大。光敏二极管和话筒的高度也会使灯的时间受到影响。声光控节电开关，在白天或光线较亮时，节电开关呈关闭状态，灯不亮；夜间或光线较暗时，节电开关呈预备工作状态，当有人经过该开关附近时，脚步声、说话声、拍手声等都能开启节电开关。USB 多功能小夜灯电路图如图 7-6 所示。

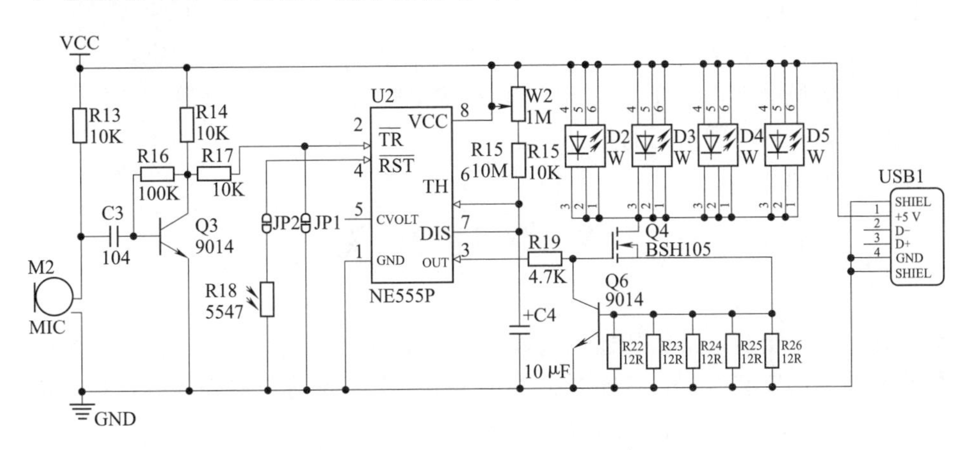

图 7-6　USB 多功能小夜灯电路图

7.3.2　小夜灯功能调试

图 7-6 所示电路中，当 JP2 和 JP1 跳选帽断开时，照明小灯将会应用于声控模式下，同时调节 W2 可以调整照明时间；当 JP2 短接、JP1 断开时，照明小灯应用于声效光控模式，同时调节 W2 可以调整照明时间；当 JP2 和 JP1 均短接时，照明小灯应用于光控模式下，W2 调节失去效果；当 JP2 断开、JP1 短接时，照明小灯应用于普通灯模式下，W2 调节失去效果。主要是通过 NE555 芯片 3 脚输出高电平，则小灯被点亮；3 脚输出低电平；则小灯熄灭。在声控时通过调整可调电阻的大小来调整对电容的充放电的时间来调整小灯亮的时间。

图 7-7 所示为 NE555 引脚输出时序图，RST 是 4 脚，DIS 7 脚，TR 2 脚，R 6 脚。

1. 光控

图 7-6 中有光，则 Q3 导通，

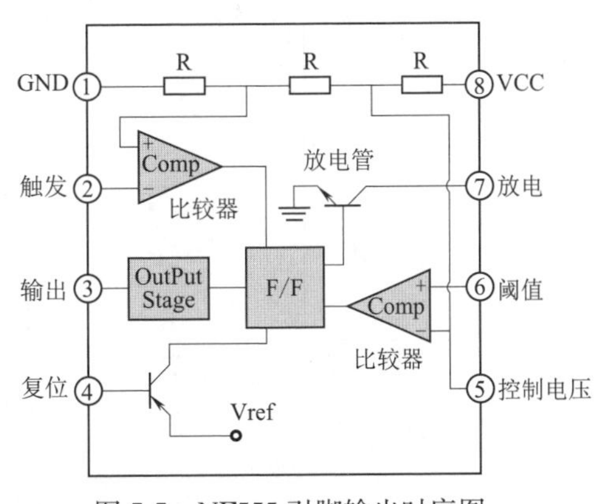

图 7-7　NE555 引脚输出时序图

4 脚为低电平，则芯片 3 脚为低电平，小灯不亮；无光，Q3 不导通，则 4 脚为高电平，芯片 3 脚输出高电平，小灯点亮。

2. 声控

有声，则 Q1 导通，2 脚为低电平，则 3 脚输出高电平，小灯亮，7 脚为断开状态，则由 W1 控制的电流大小对 C2 充电，此时 6 脚为低电平，2 脚没有声音驱动，Q1 断开则为高电平，这时 3 脚继续保持高电平，小灯持续亮灯。当电容放电时，6 脚为高电平且没有声音驱动，Q1 断开则此时 2 脚为高电平，所以 3 脚为低电平，小灯灭，小灯在电容充电时亮，在电容放电时灭，亮灯时间由充电时间决定。

USB-LED 多功能小夜灯制作视频

7.4 智能开关

通过动手组装一个蓝牙遥控智能开关，了解相应的电子元器件并熟悉电子产品线路的安装过程。智能开关使用手机蓝牙终端进行遥控控制，系统通过手机蓝牙实现遥控开启和关闭。安装图如图 7-8 所示。

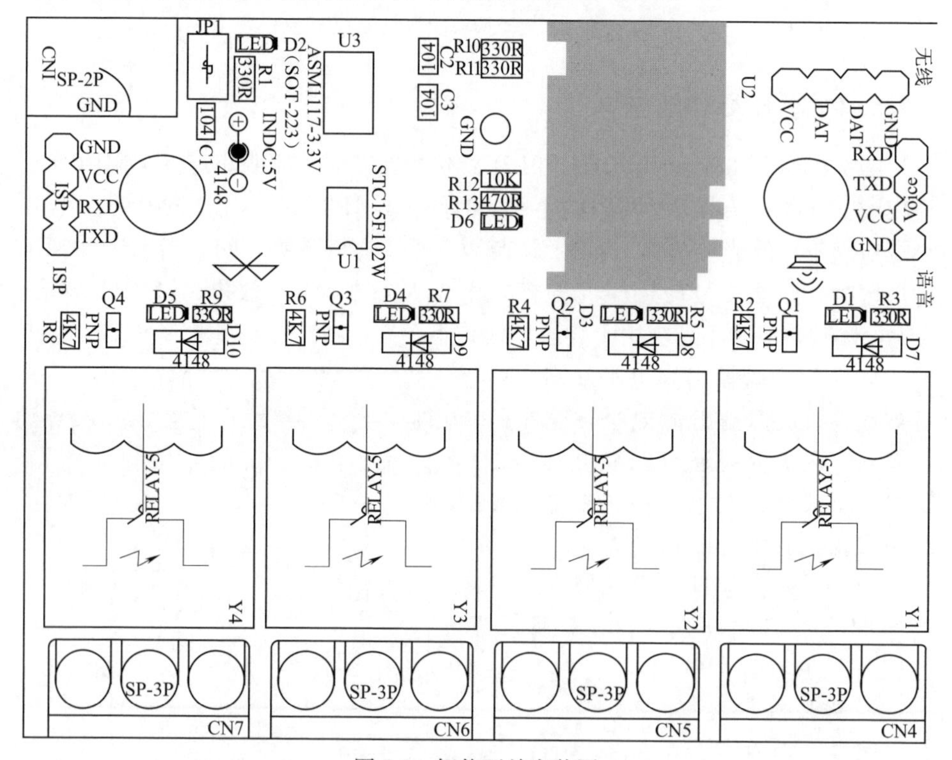

图 7-8　智能开关安装图

本项目可以实现以下几个功能：①系统接收到手机蓝牙发送的指令后能够正确地对指令解析；②家电开关开启和关闭要有输出指示灯提示，通过继电器控制灯的亮灭来模拟对应电器的开启和关闭；③系统需要设计完成 4 路家电开关的开启与关闭控制，相互之间不能有干扰。智能开关功能图如图 7-9所示。

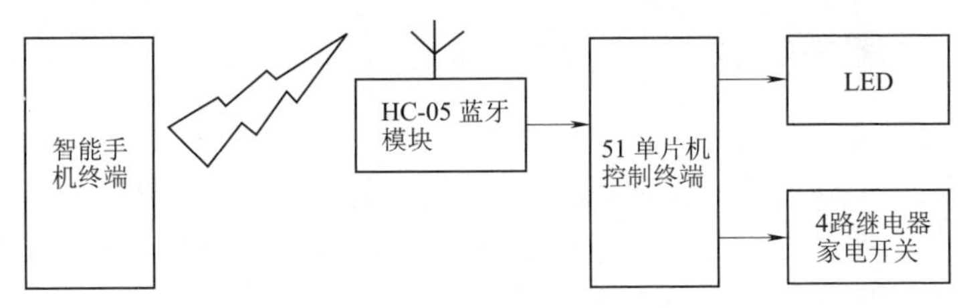

图 7-9　智能开关功能图

7.4.1　工作原理

系统控制电路采用 4 路继电器控制实现，4 路继电器分别控制不同电器的开关。继电器控制电路采用弱电控制强电的工作原理，单片机通过控制继电器的断开和吸合来控制外接家电的通断。继电器工作原理图如图 7-10 所示。

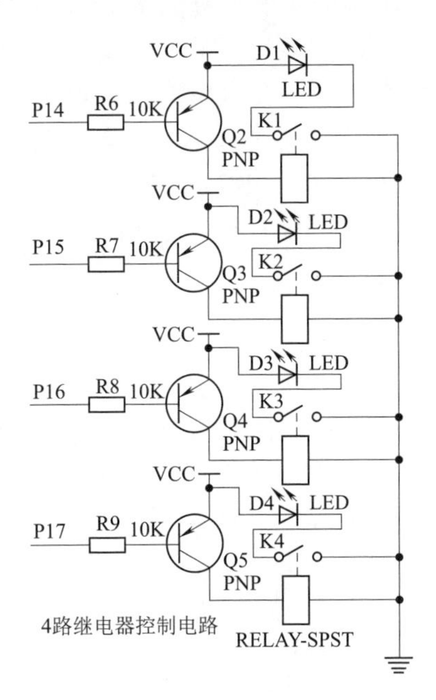

图 7-10　控制电路工作原理图

P14～P17 分别接到单片机的 I/O 口上，当单片机输出低电平的时候继电器吸合，外部接家电的开关吸合接通，家电启动工作；当单片机输出高电平的时候三极管断开，继电器外部开关断开，外接的家电停止工作。考虑到实际的可操作性，以及能够直观地分辨出继电器开关的接通和断开，外部家电采用LED灯的亮灭来替代，当对应家电的LED灯点亮代表对应家电电源开关接通，家电处于工作状态；当对应的LED灯熄灭代表对应的家电电源开关断开，家电停止工作。

7.4.2　元器件说明

1. 蓝牙模块

蓝牙是一个标准的无线通信协议，基于设备低成本的收发器芯片，传输距离近、低功耗。射程范围取决于功率和类别，但是有效射程范围在实际应用中会各有差异。目前市场上主流的蓝牙为2.0的蓝牙模块，同时市场上基于安卓系统的蓝牙手机也多采用蓝牙2.0作为其通信设备。

图7-11所示为HC-05蓝牙模块电路图，其中U6为HC-05模块，二极管D5、D6和电阻R10、R11组成电平转换电路，以保证系统可以同时在5 V和3.3 V的电压下工作，D7为蓝牙模块工作状态指示灯，其工作状态有以下三种：①在模块上电的同时把BS-KEY引脚设置为高电平（或接到VCC）此时D7以亮1 s灭1 s的频率慢闪，模块进入AT状态，此时波特率为固定的38 400。②在模块上电的同时把BS-KEY引脚设置为低电平（或接地），此时D7以1 s闪烁两次的频率快闪，表示模块进入可配对状态，如果此时再将BS-KEY引脚电平置高，模块就会进入AT状态，但是D7的闪烁频率不变。③模块配对成功，此时D7双闪，一次闪两下，2 s闪一次。系统有了D7指示灯就能够很直观地判断模块的当前状态，方便使用。

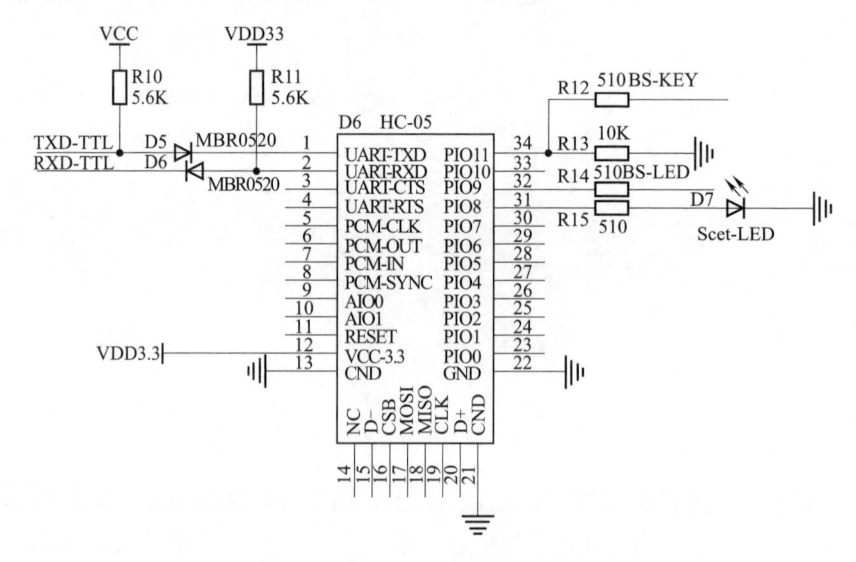

图7-11　HC—05蓝牙模块电路图

指令格式：

①	②	③	④	⑤	⑥
FF	01	0x	xx	0x	EE

【FF】：指令头。

【01】：第一路继电器0（01为1路、02为2路，以此类推……26代表控制所有继电）。

【0x】：此位为00时，继电器闭合（开灯）；为01时继电器断开（关灯）；为02时继电器点动工作；为其他值时，继电器不动作。

【xx】：继电器点动可延时时间，范围1～255 s（0x01～0xFF），在APP中可设置延时时间，如设置120，表示120 s后执行对应的动作。

【0x】：继电器点动最终状态，此位为00时，继电器点动由闭合至断开(由关灯状态变为开灯状态)，变化的过程中需要的时间由④决定；为01时继电器点动由断开至闭合（由开灯状态变为关灯状态），变化的过程中需要的时间由④决定；为其他值时，继电器不动作。

【EE】：指令尾。

例如：

//FF0100XXXXEE——第一路闭合、XX表示任意数值

//FF0101XXXXEE——第一路断开、XX表示任意数值

//FF01020100EE——第一路点动、执行设置点动状态由断开至闭合、点动延时时间1 s后执行闭合

2. 继电器

如图7-12所示的固态继电器工作原理中，工作时只要在A、B上加上一定的控制信号，就可以控制C、D两端之间的“通”和“断”，实现“开关”的功能，其中耦合电路的功能是为A、B端输入的控制信号提供一个输入/输出端之间的通道，但又在电气上断开SSR（固态继电器）中输入端和输出端之间的（电）联系，以防止输出端对输入端的影响，耦合电路用的元件是“光耦合器”，它动作灵敏、响应速度高、输入/输出端间的绝缘（耐压）等级高；由于输入端的负载是发光二极管，这使SSR的输入端很容易做到与输入信号电平相匹配，在使用时可直接与计算机输出接口相接，即受“1”与“0”的逻辑电平控制。触发电路的功能是产生合乎要求的触发信号，驱动开关电路④工作，但由于开关电路在不加特殊控制电路时，将产生射频干扰并以高次谐波或尖峰等污染电网，为此特设“过零控制电路”。所谓“过零”是指，当加入控制信号，交流电压过零时，SSR即为通态；而当断开控制信号后，SSR要等待交流电的正半周与负半周的交界点（零电位）时，SSR才为断开。

这种设计能防止高次谐波的干扰和对电网的污染。吸收电路是为防止从电源中传来的尖峰、浪涌（电压）对开关器件双向可控硅管的冲击和干扰（甚至误动作）而设计的，一般是用“R-C”串联吸收电路或非线性电阻（压敏电阻器）。

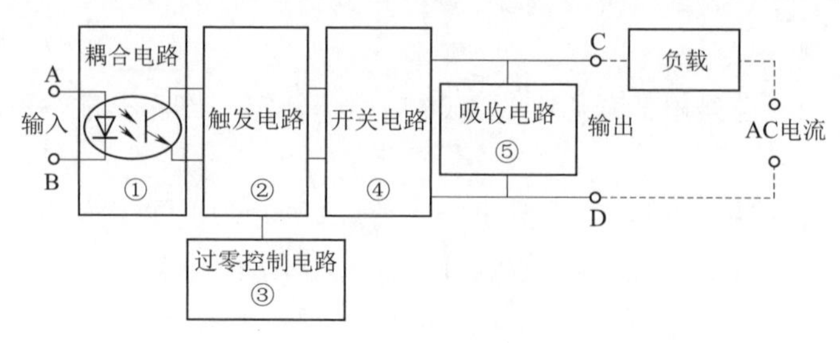

图 7-12　固态继电器工作原理

7.4.3　系统的组装与焊接

元件在安装时，注意事项如下：

（1）为避免因元器件发热而减弱铜箔对基板的附着力，并防止元器件的裸露铜盘与导线短路，安装时元器件之间间距要保持 1～2 mm。

（2）装配时，应该先安装那些需要机械固定的元器件，在此装置中如稳压管、中心芯片插座。

（3）各种元器件的安装，应该使它们的标记（用色码或字符标注的数值、精度等）朝上面或易于辨认的方向，并注意标记的读数方向一致（从左到右或从上到下）。元件在焊接时要注意焊锡的量要得当，过多可能造成电路短路，过少可能造成虚焊。

智能开关制作视频

通过以上步骤，一个完整的电路硬件部分就制作完成了，这时可以再检查一下是否有元器件漏焊、焊错的情况，以确保电路的正确。

7.5　LED 数字时钟 PPT707

数字时钟主要是由单片机 STC15F204EA 芯片、DS1302 实时时钟芯片、蜂鸣器、温度传感器、光敏电阻、4 个数码管等元件组成的，通过单片机 STC15F204EA 芯片中的程序可以设置调整时间、设定整点报时、设置闹钟、采集温度传感器的 AD 模拟量计算温度、采集光敏电阻的 AD 模拟量计算光感量等并将时间、温度、光感量实时显示在 4 个数码管中，同时通过蜂鸣器实现整点报时和定时闹钟等功能。

7.5.1 原理说明

1. 电子钟的工作原理

一个基本的数字钟电路主要由译码显示器、“时”“分”“秒”计数器、校时电路、报时电路和振荡器组成。主电路系统由秒信号发生器、“时、分、秒”计数器、译码器及显示器、校时电路、整点报时电路组成。秒信号发生器是整个系统的时基信号，它直接决定计时系统的精度。将标准秒信号送入“秒计数器”，“秒计数器”采用60进制计数器，每累计60 s发出一个“分脉冲”信号，该信号将作为“分计数器”的时钟脉冲。“分计数器”也采用60进制计数器，每累计60 min，发出一个“时脉冲”信号，该信号将被送到“时计数器”。“时计数器”采用24进制计时器，可实现对一天24 h的累计。译码显示电路将“时”“分”“秒”计数器的输出状态用七段显示译码器译码，通过七段显示器显示出来。整点报时电路根据计时系统的输出状态产生一脉冲信号，然后去触发一音频发生器实现报时。校时电路时用来对“时”“分”“秒”显示数字进行校对调整。

2. 数码管的显示

数码管静态显示信息时，每个数码管至少需要8个I/O口。当需要显示多个不同的数字时，对于8031和8051单片机，I/O口就不够用，而在实际的单片机系统中，往往需要显示多位不同数字。当将所有位数码管的段选线并联在一起，这样可以节约I/O口资源。但这样如何能显示不同的内容呢？可以采用动态显示。

科学实验证明：人眼在某个视像消失后，仍可使该物像在视网膜上滞留50～200 ms。视觉的这一现象称为“视觉暂留”。多个数码管，把段位都并联在一起，节约I/O口，一位一位选中数码管的同时送出段码，从选中第一位到选中最后一位所用的时间如果控制在人眼的视觉暂留范围内，可以连续看到数字好像同时都在显示，这种显示方式为动态显示方式。

动态显示原理：轮流向各位数码管送出字形码和相应的位选，交替显示，利用发光管的余辉和人眼视觉暂留作用，使人的感觉好像各位数码管同时都在显示。要理解好动态显示原理必须抓住3个关键点：一是同时，在选中位的同时送出段码；二是依次，依次选中每一位；三是控制好选中每一位的时间间隔，如果间隔时间过长，就会超出人眼的视觉暂留时间范围，看见闪烁的效果。

按照动态显示方法，在两位共阴极数码管上动态显示5和6。在电路上两位数码管动态显示与一位数码管动态显示有区别。由于增加了一位数码管，首先用P3.7口控制第一位数码管，用P3.6口控制第二位数码管，由于两位数码管的段选并联在一起，因此用P2口控制它们的段选。首先选中第一位数码管的位选，同时送出 5 的编码，间隔 90 ms，然后选中第二位数码管的位选，送出 6 的编码，间隔 90 ms，选中第一位亮 5 时，第二位数码管灭，选中第二位时第一位灭，再来看仿真结果，5、6 被依次点亮，选中 5 时 6 灭，选中 6 时 5 灭。接着将间隔缩小为 50 ms，发现 5、6 同时亮。在进行两位数码管动态显示实现过程中，选中一位时，同时送出段码，间隔一段时间后选中第二位，送出段码，只要控制好间隔，让总的扫描时间控制在人眼的视觉暂留范围之内，就可以实现不同数字好像都同时在显示的效果。

电子钟制作视频

7.5.2 装配说明

安装时注意事项如下：

（1）第三个数码管要倒着安装。

（2）锂电池左边为正极。

（3）单片机 STC15F204EA 的缺口方向要和电路板上印刷的缺口一致。

（4）蜂鸣器的正极在左边。

（5）时钟芯片 DS1302 的缺口方向和电路板上的缺口方向一致。

（6）晶振、光敏电阻、热敏电阻没有正负极。

（7）光敏和热敏电阻焊接时要探出电路板才能保证在外壳之外，具体看实物图。

7.6 非编程寻迹小车

在白色的场地上，有一条 15 mm 宽的黑色跑道，寻迹小车能沿着黑色跑道自动行驶，不管跑道如何弯曲，小车都能沿着跑道行驶。寻迹小车在电子基础的内容上，涵盖了机械结构、传感器原理、自动控制等诸多学科知识，同时是一个很好的硬件平台，增加部分控制电路，就能完成避障、遥控等其他功能。

7.6.1 寻线原理

光线在白色和黑色物体上的反射率是不同的，寻线小车使用红色 LED 作为光源，光线通过地面反射到光敏电阻上，通过检测光敏电阻的阻值变化，就能够判断光敏电阻的位置是否在白色区域上，如果检测到是黑色跑道，说明小车跑偏，这一侧的电动机就减速甚至停转，驱动小车偏向另一侧行驶，这样小车就能始终沿着跑道前进了。

7.6.2　电路原理

电路由线路检测电路、电压比较电路、驱动电路和执行电路组成。非编程寻迹小车原理图如图 7-13 所示。电压比较器随时比较两路光敏电阻的大小来实现跑道线路的识别。

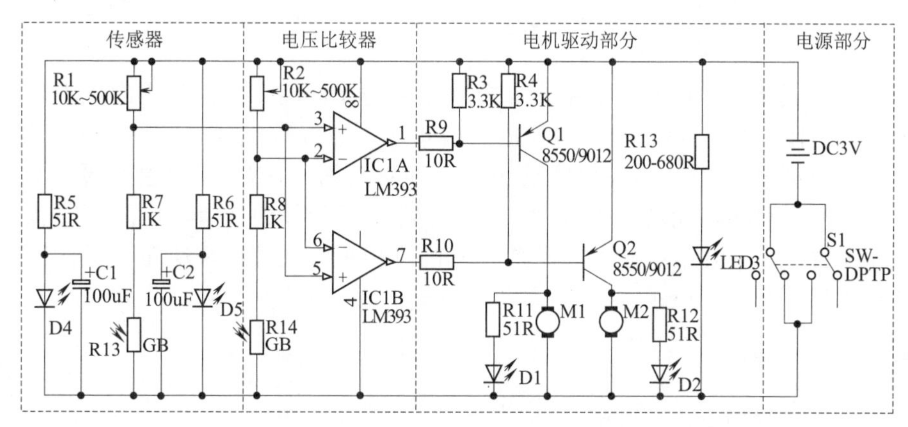

图 7-13　非编程寻迹小车原理图

光敏电阻能够检测外界光线的强弱，外界光线越强，电阻的阻值越小，外界光线变弱，阻值就会变大。当小车使用的红色 LED 光投射到白色区域和黑色跑道时，因为反光率的不同，光敏电阻阻值会发生明显区别。

如图 7-14 所示，LM393 双路电压比较器由两个独立的精密电压比较器构成，它的作用是比较两个输入电压，根据两路输入电压的高低改变输出电压的高低，输出有两种状态：接近开路或者下拉接近低电平，这里使用的比较器使用集电极开路输出，所以必须加上上拉电阻才能输出高电平。

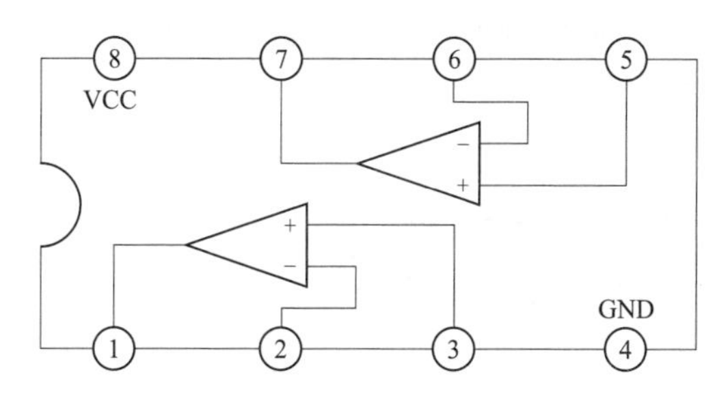

图 7-14　LM393 内部结构图

工作前，将小车前导放于跑道中心，两侧探测器位于跑道两侧白色区域，当小车偏离跑道，必有一侧探测器照射到黑色跑道上，此时对应的电阻升高，这个变化使得比较器一路输入电压升高，经过比较，当 IC 的 5 脚电压高于 6 脚时，运放的 7 脚边输出高电平，VT2 截止，M2 停止工作，那么两侧轮子一只停转之后，小车便向轮子停转一侧转弯，这会使得停转一侧的 LED 和光敏电阻从黑色跑道移出，回到白色区域，此时 M2 重新开始工作，当另一侧探测器照射到黑色跑道时，另外一路电路执行前述的过程，小车整个前进的过程就是在不断重复比较，不断修正轨迹，从而实现沿跑道前进的目的。

7.6.3 安装过程

安装过程如下：

（1）电路的焊接比较简单，焊接顺序遵循元件高度从低到高的原则，首先焊接电阻，焊接前务必确认阻值是否正确，焊接有极性的元件如三极管、LED、电解电容时，一定要分清楚极性。焊接时间不宜太长，否则容易焊坏。

（2）两对线路检测传感器的安装在全部电子元件的最后，它们的安装与其他元件相反，在线路板的焊接面，其高度根据万向螺栓来决定，元件顶面距离地面不超过 5 mm 为宜。

7.6.4 调试

调试步骤如下：

（1）在没有安装电机时，接通电源，可以看到两侧指示灯亮起，让探测器照射在黑色跑道上，调节本侧电位器，让这一侧的指示灯熄灭，照射到白色区域时，指示灯会亮起。反复调试，使得两侧全部符合上述变化规律。

（2）两只电机转向与电流方向有关，焊好后，查看电机转向，必须确认装上车轮后，小车前进方向无误。若转动方向相反，应将电机两根导线交换位置。

（3）测试驱动电路时，打开开关，将 1、4、7 脚连接，这时电机应朝前方转动，如果电机不转，请检查三极管是否焊反。

（4）试车时，如果小车在某处不动了，但轮子还在转，说明跑道不平整，轮子出现打滑现象，可以适当增加小车的重量，如在电池位置增加部分重物。

非编程寻迹小车制作视频

7.7 摇摇棒

7.7.1 产品介绍

摇摇棒是如今流行的一种玩具，在各种聚会、节日中均能见到它的身影。本设计也追随着摇摇棒的原理，利用人眼的视觉暂留特性，通过 AT89S52 单片机对 16 只高亮度 LED 发光二极管进行控制，配合手的左右摇晃就可呈现一幅完整的画面。

该摇摇棒具有如下功能：显示“欢迎使用神奇魔幻摇摇棒!”；显示“o（∩_∩）o”微笑图案；显示心形图案；显示“LOVE”；可以通过开关实现转换，轮流显示并循环。

7.7.2 视觉暂留原理

视觉暂留现象即视觉暂停现象。

人眼在观察景物时，光信号传入大脑神经，需经过一段短暂的时间，光的作用结束后，视觉形象并不立即消失，这种残留的视觉称“后像”，视觉的称这一现象为“视觉暂留”。

物体在快速运动时，人眼观看物体时，成像于视网膜上，并由视神经输入人脑，感觉到物体的像；但当物体移去时，视神经对物体的印象不会立即消失，而要延续 0.1～0.4 s 的时间，人眼的这种性质称“眼睛的视觉暂留”。

摇摇棒是基于这个原理，通过分时刷新多个发光二极管来显示输出文字或者图案信息的显示装置。当进行摇动时，由于人的视觉暂留原理，会在发光二极管摇动区域产生一个视觉平面，在视觉平面内的二极管通过不同频率的刷新，会在摇动区域产生图像，从而达到在该视觉平面上传达信息的作用。

7.7.3 电路原理

通过摇动水银开关，使得在摇动时产生电平转换引发终端，传递给单片机，再由单片机调用点阵文件输出到 LED 上。

摇摇棒电路原理图如图 7-15 所示。

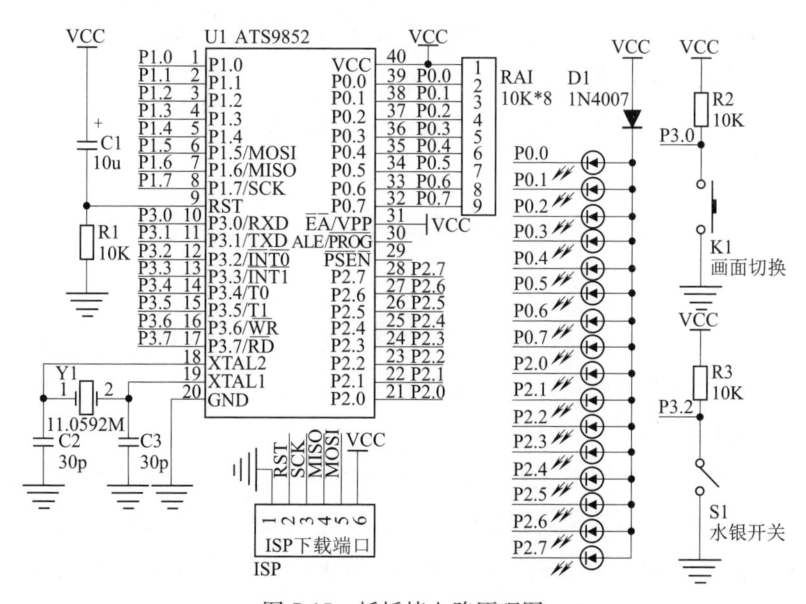

图 7-15 摇摇棒电路原理图

系统电源 VCC 为串联干电池。单片机作为控制器，在它的 P0、P2 口接有共阳的方式连接的 LED，由单片机输出低电平点亮。K1 是画面切换开关，用于切换显示不同内容。S1 为水银开关。

7.7.4 功能原理

摇摇棒
制作视频

由于人的视觉滞留时间长达 0.1 s，所以每显示完一列 LED 后，加入一段合适的延时如 5 ms，每段画面之间加入延时如 15 ms，这样就可以看到静态的稳定的画面，并且每段画面之间是有空隙的。为了让画面能够在空间的中部显示，在启动中断显示后延迟一段合适的时间，使画面在摇摇棒的半圆轨迹靠中间部分显示，这样看到的画面方向才比较正。

LED 发光管作为画面每一列的显示，左右摇晃起到了扫描的作用，人眼的视觉暂留使得看到的是一幅完整的画面。

水银开关的作用：在摇动时，只能在朝某一个方向摇动时显示，否则会出现从左至右和从右至左镜像画面，所以通过水银开关，使摇摇棒只从一个方向摇动的时候将内容显示出来。

用单片机控制 LED 显示，只要定时输出就可以了，到那时每个人摇动的速度不一样，如何准确并稳定地变换图案呢？这需要用到外部中断。将水银开关的两个金属端，一端接电源（VCC），一端接地（GND），当摇摇棒向一边运动时 LED 按照程序编辑好的规律显示，而向另一边运动时 LED 全灭，此时一个周期就会产生一个下跳沿信号，信号传递给单片机的 INT0 端产生中断，对中断的数量计数，可以控制播放内容的进度。

7.8 音频功率放大器 ZPTPA308

便携音频功率放大器，常见集成电路有功放功能和 LED 音量指示，并外接扬声器，使用透明亚克力外壳完全包裹，使用 5 V 电源，是一个小巧的高质量音频输出设备。

传统的数字语音回放系统包含两个主要过程：①数字语音数据到模拟语音信号的变换（利用高精度数模转换器 DAC）实现；②利用模拟功率放大器进行模拟信号放大，如 A 类、B 类和 AB 类放大器。20 世纪 80 年代早期，许多研究者致力于开发不同类型的数字放大器，这种放大器直接从数字语音数据实现功率放大而不需要进行模拟转换，这样的放大器通常称作数字功率放大器或者D类放大器。

1. A类放大器

A类放大器的主要特点是：放大器的工作点Q设定在负载线的中点附近，晶体管在输入信号的整个周期内均导通。放大器可单管工作，也可以推挽工作。由于放大器工作在特性曲线的线性范围内，所以瞬态失真和交替失真较小。电路简单，调试方便。但效率较低，晶体管功耗大，功率的理论最大值仅有25%，且有较大的非线性失真。

2. B类放大器

B类放大器的主要特点是：放大器的静态点在没有信号输入时，输出端几乎不消耗功率。其特点是效率较高（78%），但是因放大器有一段工作在非线性区域内，故其缺点是“交越失真”较大。

3. AB类放大器

AB类放大器的主要特点是：晶体管的导通时间稍大于半周期，必须用两管推挽工作；可以避免交越失真。有效率较高，晶体管功耗较小的特点。既可以获得较高的功率效率，又能很好地改善B类推挽式放大器的交越失真。理论上也可达到78.5%的功率最大值，但实际上功率的最大值在70%左右可能受到输出级拓扑和输出级斜线的影响，在典型的听音条件下（全功率的30%左右），功放的效率为35%左右。

4. D类放大器

D类（数字音频功率）放大器是一种将输入模拟音频信号或PCM数字信息变换成PWM（脉冲亮度调制）或PDM（脉冲密度调制）的脉冲信号，然后用PWM或PDM的脉冲信号去控制大功率开关器件通/断音频功率放大器，也称开关放大器。具有效率高的突出优点。

数字音频功率放大器由输入信号处理电路、开关信号形成电路、大功率开关电路（半桥式和全桥式）和低通滤波器（LC）四部分组成。不仅具有很高的效率，通常能够达到85%以上，而且体积小，可以比模拟的放大电路节省很大的空间。还具有低失真，频率响应曲线好，外围元器件少，便于设计调试等特点。

PWM中A类、B类和AB类放大器是模拟放大器，D类放大器是数字放大器。B类和AB类推挽放大器比A类放大器效率高、失真较小，功放晶体管功耗较小，散热好，但B类放大器在晶体管导通与截止状态的转换过程中会因其开关特性不佳或因电路参数选择不当而产生交替失真。而D类放大器具有效率高低失真，频率响应曲线好，外围元器件少等优点。AB 类放大器和 D 类放大器是目前音频功率放大器的基本电路形式。PDM 信号与 PWM 信号相比，没有固定的工作频率，其将输入的音频信号调制成一组脉冲宽度相同但是频率不同的 PDM 信号，有效地改善了 PWM 带来的 EMI（电磁干扰）问题。

7.8.1 电路原理

由 8002 内部结构图（见图 7-16）可以看到，8002 由两对放大器组成，且其结构有稍微的差异。芯片输入运放的闭环增益由外部负载设置，而输出运放的增益由芯片内部的两个 40 kΩ 的电阻所固定。前级运放的输出作为下级运放的输入，导致两极运放的输出信号大小保持一致，仅相位差 180°。当输出端 VO1、VO2 之间接上不同的负载时，运放就建立了“桥式模式”。在相同条件下，与通常应用时负载一端接地的单端模式相比，桥式模式可以提供 4 倍的输出功率。

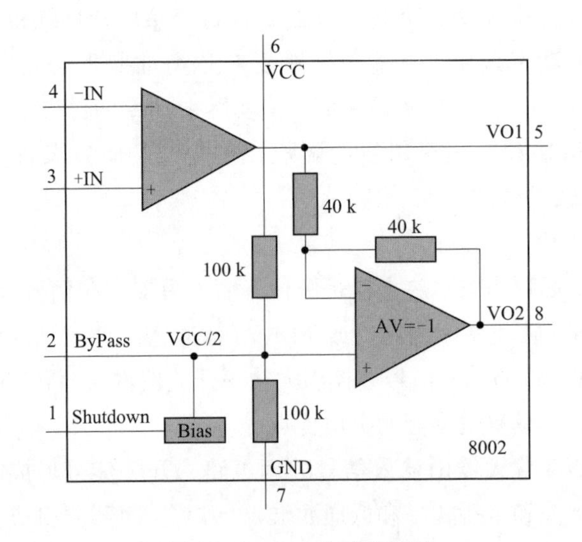

图 7-16 8002 内部结构图

本设计使用 8002 芯片进行音频控制的同时通过 KA2284 芯片来控制 LED 的电平高低。8002 由两个 OTL 电路桥式连接为 BTL 工作方式的音频功放集成电路，工作电压为 2～5.5 V，输出功率为 1.5～3.0 W，它的特点是非常适合低电压电子产品作为功率放大器，而且只需要极少的外围元件便可以工作，属于 AB 类功放。音频功放电路原理图如图 7-17 所示。

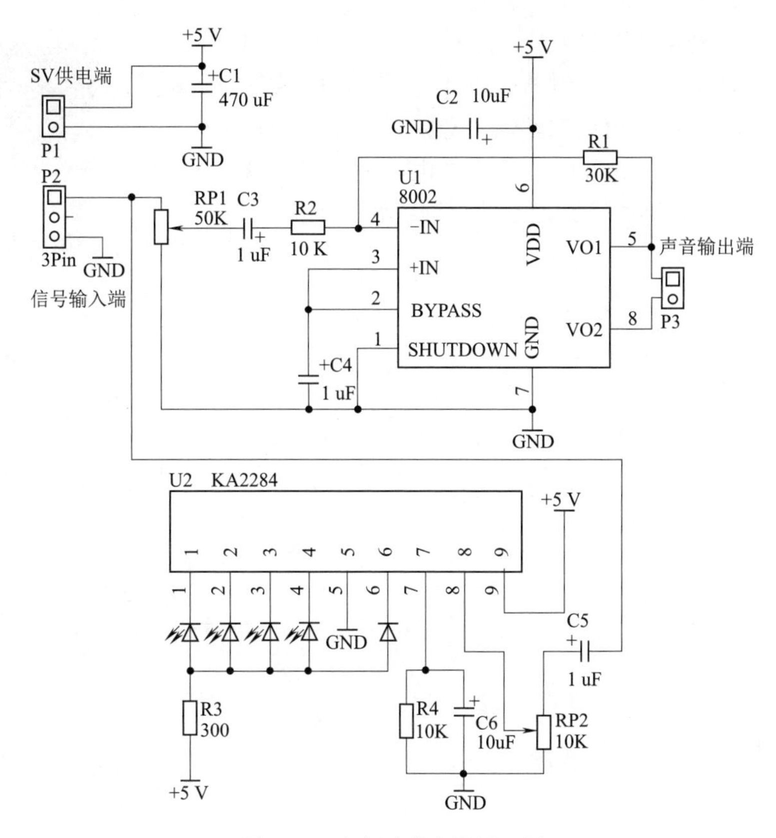

图 7-17　音频功放电路原理图

7.8.2　装配功率放大器

1. 元器件装配顺序

(1) 贴片 IC 8002，注意第一脚的位置，圆孔为第一脚，对应线路板白点标识。

(2) 4 个电阻。

(3) 芯片 KA 2284，注意缺口对应 PCB 板上的缺口。

(4) 可调电阻，注意 503 为 RP1，103 为 RP2。

(5) LED，注意长脚为正，短脚为负，同时要注意颜色，按绿绿绿黄红的顺序。

(6) 电容，注意长脚为正，短脚为负，PCB 板上有阴影斜线的为负。

(7) USB 连线，注意红正黑负，红接+5 V，黑接 GND。

(8) 音频输入线，注意最大的那片为 GND，其他的随便接。

(9) 喇叭连线。

(10) 外壳安装。

2. 调试功率放大器

音频功率放大器制作视频

(1) 通过 RP1 可以调节输出音量大小，选择合适音量。

(2) 通过 RP2 可以调整输入音频频率，减少噪声干扰。

如果完全没有电流声，请检查电路的焊接有无错误、元件有无损坏，直到能听到声音才可继续调整实验。

第8章 电子实习（拓展）实例

8.1 智能小车

智能小车是指可以按照预先设定的模式在一定的环境里自行运作，而不需要人干预的机器，它是一个集环境感知、规划决策、自动行驶等功能于一体的综合控制系统，在自动控制的小车设计与应用中，循迹是小车完成各项功能所依靠最基本的功能，在目前的电子竞赛，实际生活中都有很广泛的应用。主要针对目前基于反射式红外对管循迹技术小车的传感器布局进行相应的研究总结。基于红外反射式循迹原理，有效距离通常控制在3 cm以内。通过地面白黑对红外线的反射效果不同而检测地面状况输出变化电平，当检测到地面黑线时红外线被吸收，输出高电平，单片机对此做出相应处理。

8.1.1 总体方案

智能小车是基于51系列单片机STC89C52最小系统的控制板扩展外围器件的具有循迹等功能的项目，在此开发平台上可以实现蜂鸣器、LED点阵、数码管、麦克风、光敏电阻以及遥控等功能。除此之外，还增加了传感器扩展板，其中具有可以控制的左右LED灯以及3对红外发射接收对管，用于循迹和避障操作。但是限于传感器的数量，经改进之后的扩展板可具有的功能得到提升，增加了两对红外发射接收对管，并且增加其他传感器的接口，如超声波传感器。采用跳线帽的方式选择是否具有扩展功能，以方便用户进行操作和切换。在此改进之后，预期效果可以实现相对可靠性更高的循迹以及增强避障功能。图8-1所示为该智能小车的硬件结构示意图。

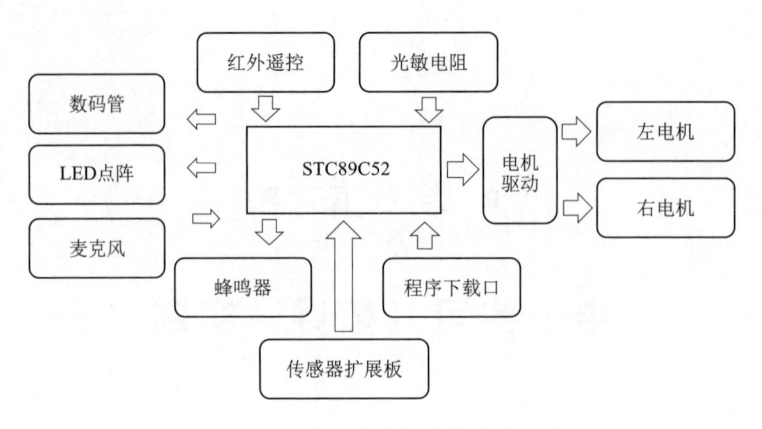

图 8-1 智能小车的硬件结构示意图

8.1.2 硬件方案设计

1. 数码管

智能小车的控制板上安装了一只数码管，该数码管为七段共阳数码管，当对应的a，b，c，d，e，f，g段有低电平则该段点亮，数码管显示数字0，1，2，3，4，5，6，7，8，9对应的引脚控制数组为0x03，0x9f，0x25，0x0d，0x99，0x49，0x41，0x1f，0x01，0x09，控制板上的数码管由P21～P27引脚控制。

2. LED点阵

该智能小车装有8只红光LED，当对应控制引脚为低电平时，小灯点亮。点阵在控制板上由P00～P07引脚控制。

3. 麦克风

当外界有不同振幅的声波时，通过驻极话筒转换为高低电平的电信号，可以通过接收对应引脚的电平来判断外界是否有振动声响。

4. 蜂鸣器

智能小车配有一个有源的蜂鸣器，通过三极管电流放大驱动，当控制引脚位于低电平时，蜂鸣器发出声响，否则不发出声音。

5. 光敏电阻

光敏电阻是一个变化的电阻，其阻值大小是随光照的强度发生变化的，当光照越强，光敏电阻的阻值就越小，当光照越弱，则对应的光敏电阻阻值就越大。通过判断引脚的电平高低，可以知晓环境的亮与暗。具体实物示意图如图8-2所示。

6. 红外遥控

红外接收头的工作原理为：内置接收管将红外发射管发射出来的光信号

转换为微弱的电信号，此信号经由 IC 内部放大器放大，然后通过自动增益控制、带通滤波、解调、波形整形后还原为遥控器发射出的原始编码，经由接收头的信号输出脚输出到电器的编码识别电路。输入必须是带有 38 kHz 的载波。具体实物示意图如图 8-3 所示。

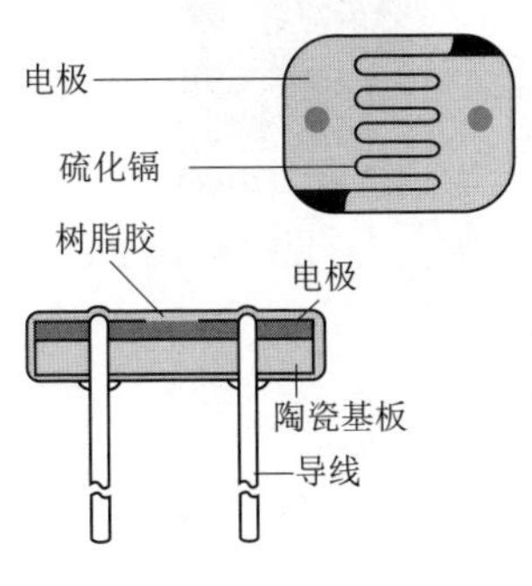

图 8-2　光敏电阻示意图

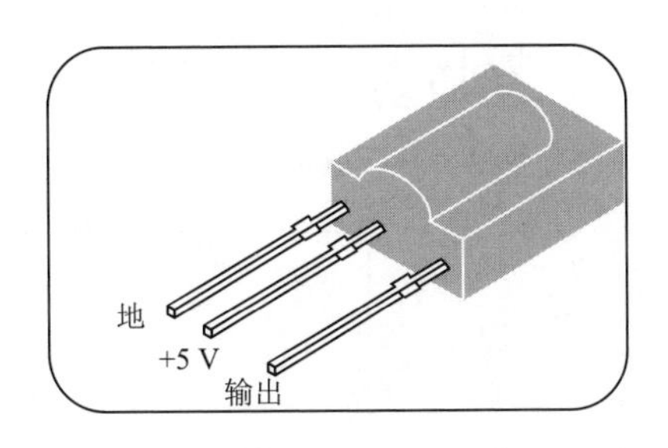

图 8-3　红外接收头示意图

7. 程序下载口

采用串口下载，用 MAX232 进行电平的转换，MAX232 芯片是美信（Maxim）公司专为 RS-232 标准串口设计的单电源电平转换芯片，使用+5 V 单电源供电。

8. 电机驱动芯片

采用两片 LG9110 控制驱动电机芯片，LG9110 是为控制和驱动电机设计的两通道推挽式功率放大专用集成电路器件，将分立电路集成在单片 IC 之中，使外围器件成本降低，整机可靠性提高。该芯片有两个 TTL/CMOS 兼容电平的输入，具有良好的抗干扰性；两个输出端能直接驱动电机的正反向运动，它具有较大的电流驱动能力，每通道能通过 750～800 mA 的持续电流，峰值电流能力可达 1.5～2.0 A；同时它具有较低的输出饱和压降；内置的钳位二极管能释放感性负载的反向冲击电流，使它在驱动继电器、直流电机、步进电机或开关功率管的使用上安全可靠。

如图 8-4 所示，当 IA 和 IB 同时为高电平或者低电平时，电机不能驱动，当 IA 和 IB 其中之一为高电平而另一为低电平时，电机正常工作，转动方向需要根据用户的需要进行控制。

9. 蓝牙模块

本模块支持 UART 接口，并支持 SPP 蓝牙串口协议，具有成本低、体积小、功耗低、收发灵敏性高等优点，只需配备少许的外围元件就能实现其强大功能。该模块主要用于短距离的数据无线传输领域。可以方便地和 PC 机的蓝牙设备相连，也可以两个模块之间的数据互通。避免繁琐的线缆连接，能直接替代串口线。蓝牙模块实物图如图 8-5 所示，电路图如图 8-6 所示。

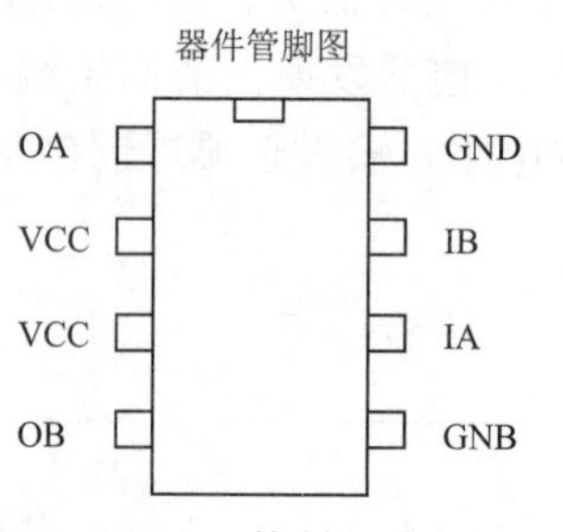

图 8-4　LG9110 控制驱动电机芯片

图 8-5　蓝牙模块实物图

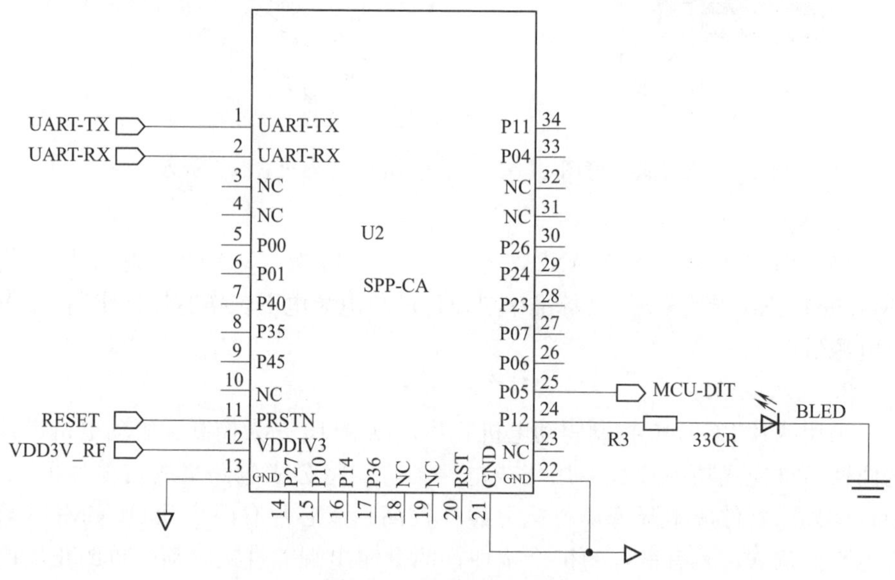

图 8-6　蓝牙模块电路图

LED 灯用于指示蓝牙模块所处状态。LED 灯闪烁方式与蓝牙模块状态对应见表 8-1。

表 8-1　LED 灯闪烁方式与蓝牙模块状态对应

模式	LED 显示	模块状态
从模式	均匀慢速闪烁（800 ms-on，800 ms-off）	等待配对
	长亮	建立连接

AT 指令集：

用户可以通过串口和 SPP-CA 芯片进行通信，串口使用 Tx，Rx 两根信号线，波特率为 1 200 b/s，2 400 b/s，4 800 b/s，9 600 b/s，14 400 b/s，19 200 b/s，38 400 b/s，57 600 b/s，115 200 b/s，230 400 b/s，460 800 b/s 和 921 600 b/s。串口缺省波特率为 9 600 b/s。

指令集详细说明：

SPP-CA 蓝牙串口模块指令为 Command 指令集。

（注：发 AT 指令时必须回车换行，AT 指令只能在模块未连接状态下才能生效，一旦蓝牙模块与设备连接上，蓝牙模块即进入数据传输模式。\r\n为直接按电脑回车键，如不能按回车键则加\r\n。AT 指令不分大小写。）

10. 超声波传感器

增加超声波传感器，型号为 HC-SR04，该型号超声波测距模块可提供2～400 cm的非接触式距离感测功能，测距精度可达高到 3 mm；模块包括超声波发射器、接收器与控制电路。具体实物如图 8-7 所示。

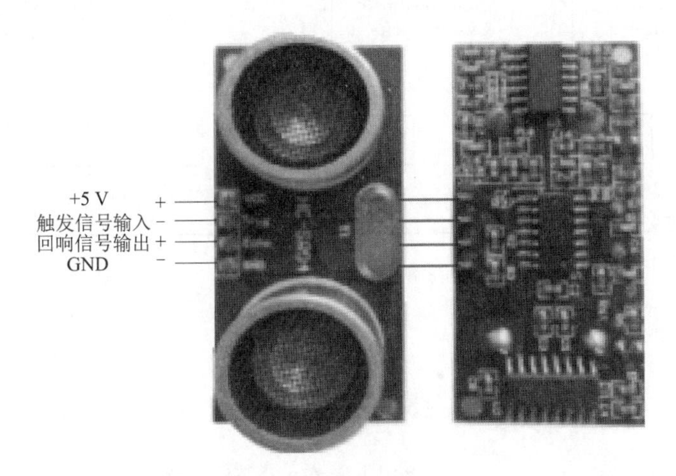

图 8-7 超声波模块

基本工作原理：

（1）采用 IO 口 TRIG 触发测距，给最少 10 μs 的高电平信号。

（2）模块自动发送 8 个 40 kHz 的方波，自动检测是否有信号返回。

（3）有信号返回，通过 IO 口 ECHO 输出一个高电平，高电平持续的时间就是超声波从发射到返回的时间。

测试距离＝时间×速度＝时间(μs) ×0.017 (cm/μs)

VCC 供 5 V 电源，GND 为地线，TRIG 为触发控制信号输入，ECHO 为回响信号输出，共 4 个接口端。

8.1.3 程序设计

1. 软件设计原理及设计所用工具

设计原理：基于 C 语言的 51 系列单片机的控制程序。

设计所用工具：Keil uVision4。

2. 软件设计流程框图

(1) 主程序流程框图，如图 8-8 所示。

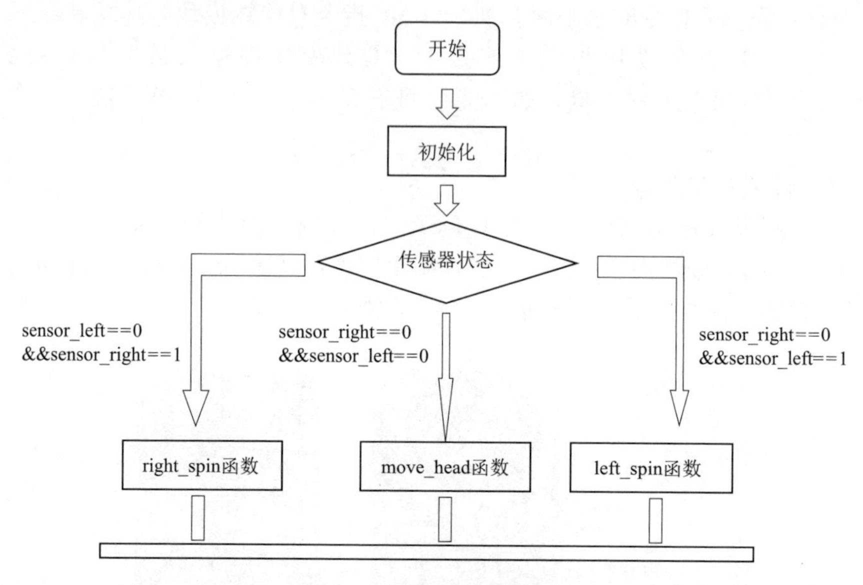

图 8-8 主程序流程框图

(2) 中断服务子程序：

```
void TIME1_ISR () interrupt 3
{
   irtime++;          //用于计数 2 个下降沿之间的时间
}
```

该中断服务子程序是用于对遥控解码接收的收据计算时间而设置的。

(3) 简单的通信协议。本程序中使用到的通信协议主要是用于遥控解码的传感器和避障的 HC-SR04，图 8-9 所示为红外遥控解码协议，图 8-10 红外遥控数据接收时序图。

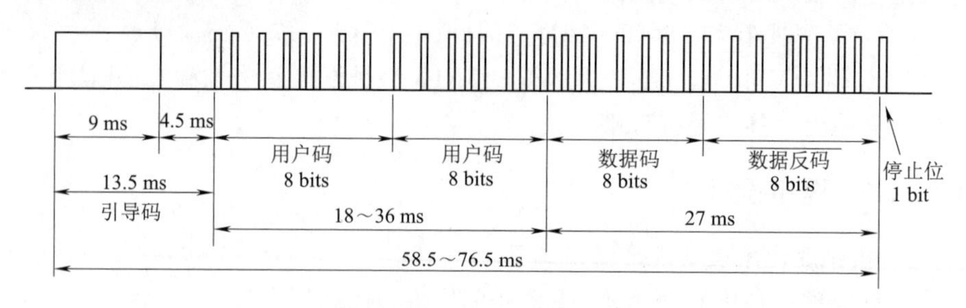

图 8-9 红外遥控解码协议

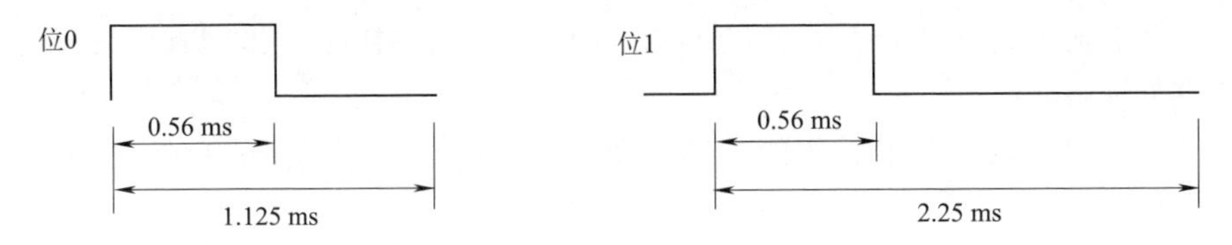

图 8-10 红外遥控数据接收时序图

图 8-11 所示为 HC-SR04 使用到的通信协议。

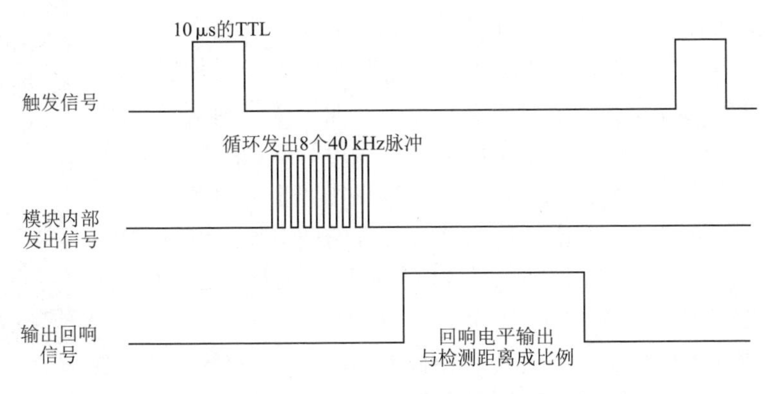

图 8-11 HC-SR04 使用到的通信协议

3. 循迹探头调试方法

编写调试程序用于红外探头灵敏度接收调试，主要用来测试寻迹功能时所建立的跑道是否正确，调试元件为 R37 可调电阻，即改变可调电阻大小。

具体的测试方法如下：

(1) 跑道采用黑色不反光的胶布进行粘贴而成，胶布宽度为 1.5 cm 左右。跑道之外采用白色反光的桌面或白色反光画布制成的，对于除跑道外其他的地方，要求必须能够反回红外光线。

(2) 程序中左右两个红外接收探头接收到信号，则相应的端口（左 P3.6，右 P3.7）为 0，同时将相应左右两个 LED 灯的端口（自己查看原理图）也置 0（LED 灯亮），这样就完成了探头接收到信号 LED 灯同时亮的测试程序，如果红外探头没有接收到信号则相应的端口为 1，同时左右 LED 等也置 1（LED 灯灭）。将小车的探头正放在跑道上，旋转 R37 可调电阻使两个指示灯必须为不亮状态（黑色的跑道接收到红外不反射，接收探头不能接收到红外线），在将小车的两个探头放在跑道的其他地方，前方两个指示灯必须处于亮状态（白色的地方反射红外线，所以接收探头可以接收到红外线），技巧是调整 R37 这个可调电阻使红外探头达到最佳状态。

(3) 将小车放在跑道上时，两个指示灯都不会亮，用手移动小车一边到跑道外时，相应侧的指示灯应为亮；再次移进来时，相应侧的指示灯应该为灭（注意避障的红外线不能通过可调电阻调试，可调电阻只能调试寻迹的两组红外探头）。

（4）以上条件满足后，请对环境做判断，请不要在太强的自然光线下进行调试。

8.1.4 智能小车扩展案例

1. 避障机器人

避障机器人主要通过小车传感器板上的红外发射和接收对管进行避障，当红外接收传感器没有接收到红外发射传感器发射出的红外线时表示小车前面没有障碍，如果接收到信号表示小车前面有障碍物体，则小车应该进行后退和转向，具体策略可以根据不同的情况进行分析，并可以在小车上通过各种显示方式呈现。同时还可以通过传感器板下方的两对循迹红外发射接收对管进行悬崖功能设计。具体应用可以是机器人走迷宫。

避障机器人功能展示视频

2. 智能寻迹小车

智能寻迹小车主要通过传感器板下的两对红外发射接收对管进行黑线和白线循迹，红外线发射管下如果是白线则红外接收管将会接收到信号，如果是黑线则红外接收管将不会接收到信号，通过这种方式可以实现小车的间断性转向来进行黑白线循迹，具体策略可以在实践中进行拓展。

智能寻迹小车功能展示视频

3. 蓝牙控制机器人

蓝牙控制机器人主要是通过蓝牙模块来实现手机APP和小车的通信，手机APP经过蓝牙将小车的动作指令（前进、后退、左转、右转、开灯、鸣笛、自定义功能）发送到小车，小车经过蓝牙模块接收到指令完成相应的动作。

蓝牙控制机器人功能展示视频

4. 红外遥控小车

红外遥控小车主要是通过红外遥控器来实现小车的动作，小车接收到红外遥控器发送的代码来实现小车的动作（前进、后退、左转、右转、开灯、鸣笛、自定义功能）。

红外遥控小车功能展示视频

5. 重力感应机器人

重力感应机器人主要是通过重力势能板来实现小车的动作，小车接收到重力势能板发送的代码来实现小车的动作（前进、后退、左转、右转）。

消防机器人功能展示视频

6. 消防机器人

消防机器人主要通过光敏传感器、温度传感器、湿度传感器来实现火源的寻找模拟，小车将不断向温度升高的区域和光亮更高的区域行进，直到找到火源并报警。

7. 走迷宫机器人

在小车传感器板上安装超声波测距模块，来实现超声波避障，通过设定的距离阈值实现小车的转向策略。在做实验前设计一个带有一个出口和一个入口的迷宫，迷宫中有十字路口和三岔路口，在小车传感器板上安装超声波测距模块（可以是三个超声波，前端一个，左右各一个，用来识别十字路口和三岔路口，也可以将下端的两个寻迹的红外对管用来替代左右的超声波模块），根据测距来实现超声波避障，通过设定的距离阈值实现小车的转向策略，中间可以设计智能路径规划和路径记忆等功能。最终实现从迷宫入口进入，出口出来。

走迷宫机器人功能展示视频

8. 颜色识别机器人

在小车传感器板上安装颜色识别传感器，来实现小车对带颜色的圆柱体识别，并安装机械手进行颜色物体搬运，具体应用为物流机器人。

颜色识别机器人功能展示视频

9. 追踪机器人

机器人能识别前方移动物体，并追随物体的移动轨迹运动。机器人追踪行进时，采用数码管和 LED 灯计时，按 s 计数。数码管显示个位，LED 灯显示十位。计时 90 s 后复原重新计时。

追踪机器人功能展示视频

8.1.5　智能小车安装功能说明书

智能小车安装功能说明书

8.2　全彩音乐光立方

全彩音乐光立方可视为光立方与音响的组合体。将全彩光立方的动画显示与单片机采样处理得的音频信息相结合，以实现声光的精彩表演。此外，通过精巧的设计电路与驱动程序，在实现极高的刷新速度的同时只占用极少的CPU消耗，故可将三色LED阵列抽象为应用层的立体显示器，而不必关心底层实现。另外，还可以安装各种扩展设备，如触摸检测、电池管理、外扩内存等，从而便于二次开发。光立方效果图如图8-12所示。

图8-12　光立方效果图

光立方功能展示视频

8.2.1　总体方案

从预定的功能来看，硬件部分首先要实现全彩光立方阵列和音频放大与采样电路，此外还可加入各种附属功能，如蓝牙遥控、电池管理、触摸检测、USB接口等，以增加系统的实际应用效能和趣味性。

由于预定的系统任务不多，且不存在资源分配问题，故不移植嵌入式操作系统，主要程序都直接针对硬件编写，并通过提供接口以屏蔽底层，便于开发高级功能。

8.2.2　硬件设计

（1）STM32F205RCT6最小系统：本作品使用LQFP64封装的STM32F205RGT6单片机做主控，STM32F2××系列是ST公司基于CM3内核开发出的高性能型单片机，其性能介绍如图8-13所示。

此外，在该作品的最小系统中，还装有W25Q128外置Flash芯片、USB主机接口，10pin的JTAG接口，以提高其可改进性，利于后续开发。最小系统电路如图8-14所示。

Features

- Core: ARM 32-bit Cortex™-M3 CPU with Adaptive real-time accelerator (ART Accelerator™) allowing 0-wait state execution performance from Flash memory, frequency up to 120 MHz, memory protection unit, 150 DMIPS/1.25 DMIPS/MHz (Dhrystone 2.1)
- Memories
  - Up to 1 Mbyte of Flash memory
  - 512 bytes of OTP memory
  - Up to 128 + 4 Kbytes of SRAM
  - Flexible static memory controller that supports Compact Flash, SRAM, PSRAM, NOR and NAND memories
  - LCD parallel interface, 8080/6800 modes
- Clock, reset and supply management
  - From 1.65 to 3.6 V application supply and I/Os
  - POR, PDR, PVD and BOR
  - 4 to 26 MHz crystal oscillator
  - Internal 16 MHz factory-trimmed RC (1% accuracy at 25 °C)
  - 32 kHz oscillator for RTC with calibration
  - Internal 32 kHz RC with calibration
- Low power
  - Sleep, Stop and Standby modes
  - V_{BAT} supply for RTC, 20 × 32 bit backup registers, and optional 4 KB backup SRAM

LQFP64 (10 x 10 mm)
LQFP100 (14 x 14 mm)
LQFP144 (20 x 20 mm)
LQFP176 (24 x 24 mm)
UFBGA176 (10 x 10 mm)
WLCSP64+2 (0.400 mm pitch)

- Up to 140 I/O ports with interrupt capability:
  - Up to 136 fast I/Os up to 60 MHz
  - Up to 138 5 V-tolerant I/Os
- Up to 15 communication interfaces
  - Up to 3 × I^2C interfaces (SMBus/PMBus)
  - Up to 4 USARTs and 2 UARTs (7.5 Mbit/s, ISO 7816 interface, LIN, IrDA, modem control)
  - Up to 3 SPIs (30 Mbit/s), 2 with muxed I^2S to achieve audio class accuracy via audio PLL or external PLL
  - 2 × CAN interfaces (2.0B Active)
  - SDIO interface
- Advanced connectivity
  - USB 2.0 full-speed device/host/OTG controller with on-chip PHY
  - USB 2.0 high-speed/full-speed device/host/OTG controller with dedicated DMA, on-chip full-speed PHY and ULPI
  - 10/100 Ethernet MAC with dedicated DMA: supports IEEE 1588v2 hardware, MII/RMII
- 8- to 14-bit parallel camera interface: up to

图 8-13　STM32F205RGT6 性能

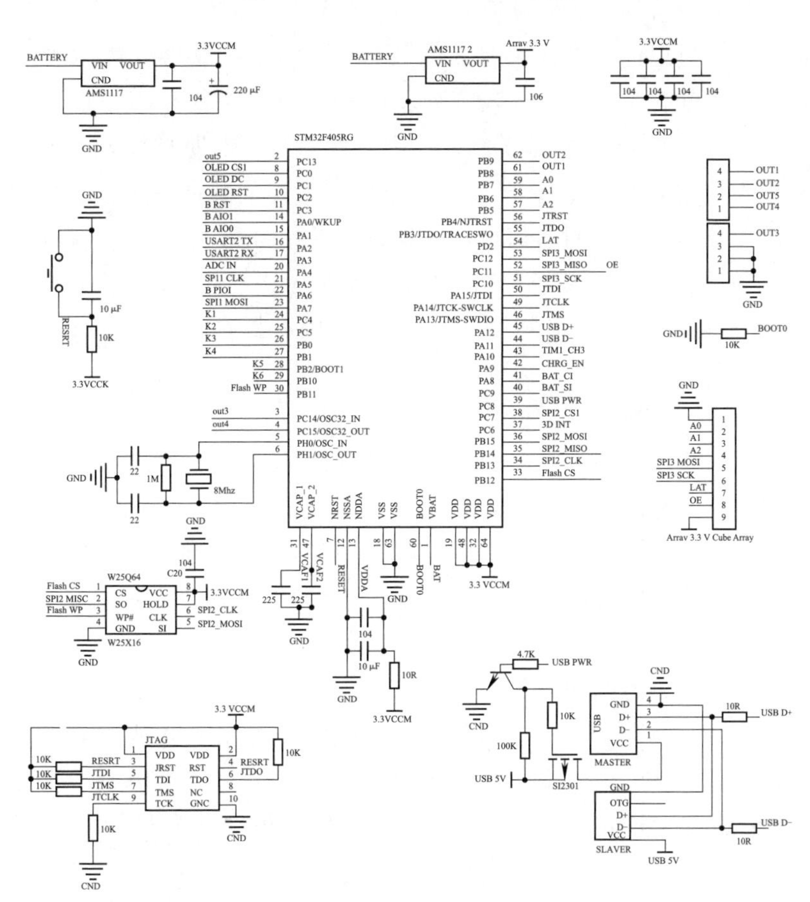

图 8-14　最小系统电路

（2）全彩LED阵列：该阵列由三色LED组成，三色LED本质上是红绿蓝三个单色LED的组合。由于本身没有任意连续调色的能力，故原则上应对其3个LED分别输入连续的模拟量才能实现自由变色。而在数字系统中，如单片机，输出近似的模拟量的办法只有硬件DAC时钟PWM。实际上硬件DAC的输出通道非常少，外加模拟开关切换也难以满足驱动众多的LED，此外，该方法还会带来驱动能力低、刷新过慢、PCB布线困难等问题，可行性不高；而时钟PWM的输出通道也不够多，即使是LQFP144封装的单片机也只有不超过20个通道，而4阶全彩阵列则有4×4×4×3个单色LED引脚，就算以层扫描的方式显示，20个通道并不足以驱动4×4×4×3个LED，设计加切换电路则会使PCB面积增大，布线困难，故以单片机的外部设备生成模拟量进行阵列驱动不可行，只能使用软件方法，如使用软件生成PWM。

由于是使用软件方法生成PWM，则全彩阵列的驱动电路不必进行模拟信号的处理，可以简化设计为普通的数字电路。但是软件方法会占用CPU资源，若硬件配合不当，会导致阵列驱动程序占用过多的CPU时间。考虑到单片机对阵列控制需实现颜色计算和数据输出，数据输出可由DMA完成，从而不占用CPU。而鉴于LED不能承受过高的脉冲频率，不必用并行通信，故单片机与阵列的通信可用串行的SPI接口和74HC595移位寄存器来实现。74HC595驱动三色LED的3个阴极，阳极由MOSFET驱动，用双联装的N沟道MOSFET芯片APM4953做阳极驱动，同时用74HC138作为层选，控制APM4953。

为了能用双面PCB就完成驱动阵列的设计，简化布线，因而三色LED的3个LED实际上不是用3套74HC595完成，而是将3个引脚都置于移位寄存器相邻的三个位上，之所以选择制作5阶光立方，是因为每排的5个LED有共15个引脚，可用2个74HC595控制，且不会出现太大的浪费和布线折叠。另外，阵列的单层可视为S型排列的线性流水灯，从这一点看，该全彩阵列的电路结构与普通的单色阵列相同。

LED立方阵列电路如图8-15所示。

（3）音频放大电路：采用TDA2822双功放IC做音频放大电路，其内有两个运算放大器，一个用于放大输入的音频信号以驱动扬声器，另一个则为MCU提供ADC采样通道，故该音频部分被设计为只能输入单声道信号。

TDA2822音频放大电路如图8-16所示。

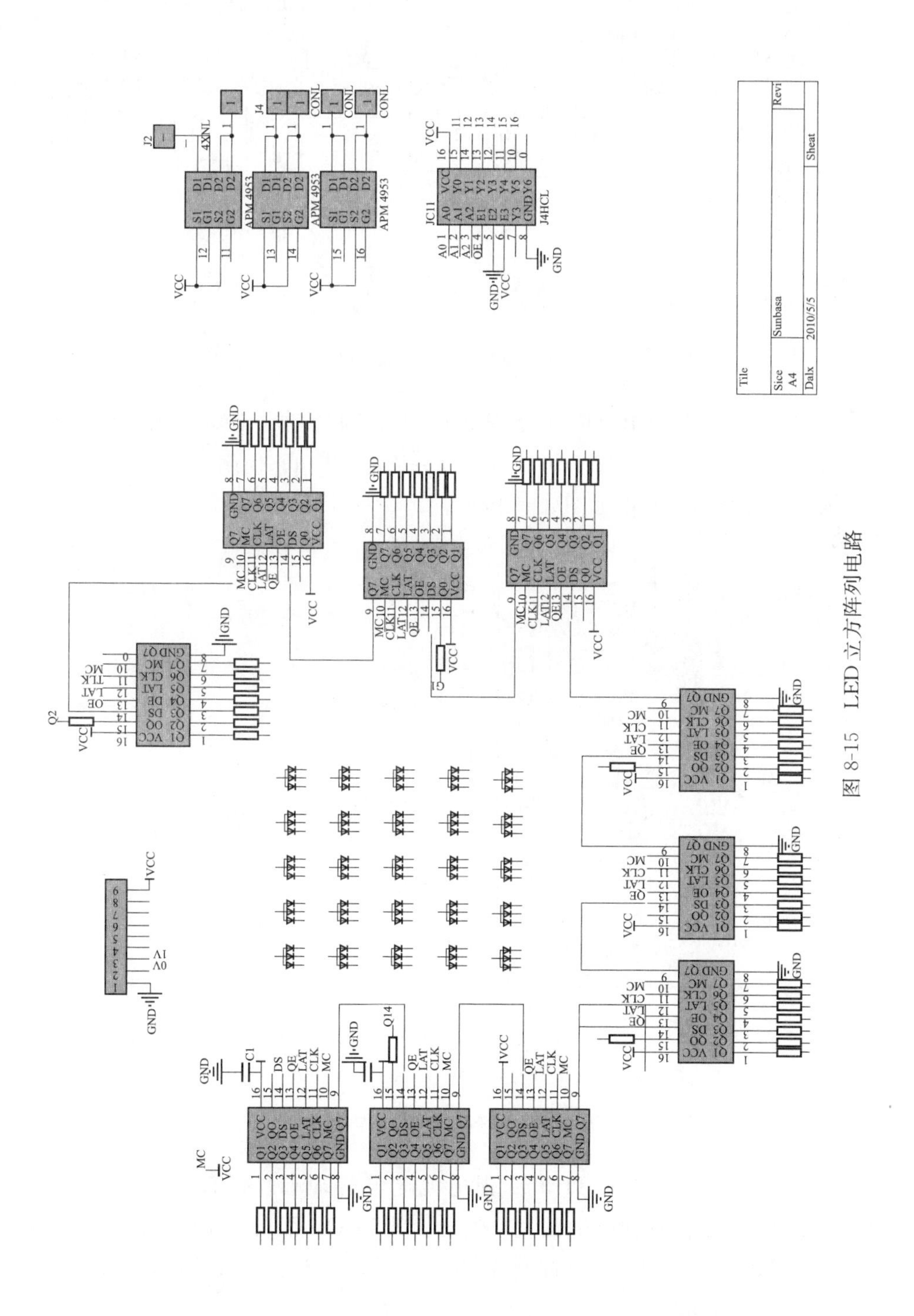

图 8-15　LED 立方阵列电路

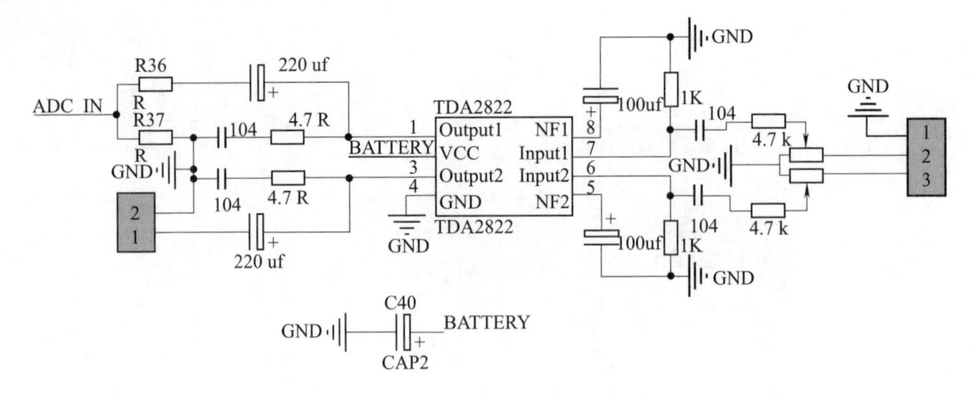

图 8-16　TDA2822 音频放大电路

（4）蓝牙遥控：采用 HC-05 蓝牙模组做蓝牙收发器，该模块与 MCU 之间使用异步串口通信。此部分可被简化为一普通的串口来使用。

蓝牙模块部分电路图如图 8-17 所示。

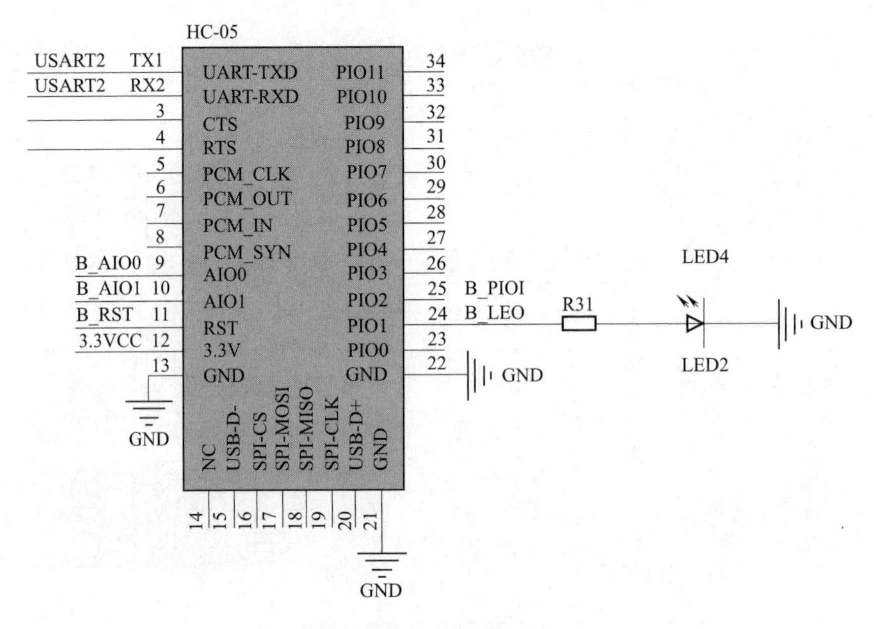

图 8-17　蓝牙模块部分电路图

（5）电池管理：采用 TP4056 锂电池充电管理芯片做该部分的核心，TP4056 负责控制内置锂电池的充电安全，其 PROG 引脚与 RC 积分电路连接，可由 MCU 输出 PWM 来控制 TP4056 的充电电流。TP4056 电池管理电路图如图 8-18 所示。

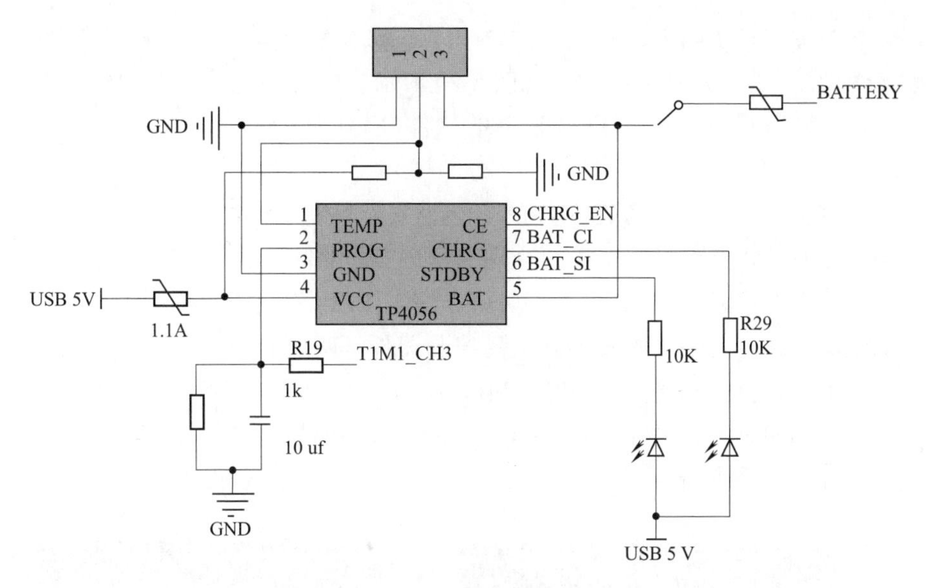

图 8-18　TP4056 电池管理电路图

（6）触摸检测：为能在支持电容式触摸按键的同时还能节约 MCU 的系统资源，设计使用 BS816A-1 触摸检测芯片做按键接口。该芯片可自动对 6 个触摸通道做检测，并通过输出电平变化来提示有无触摸。据此 MCU 与 BS816A-1 只需用的一般 IO 连接，该部分可被视为简单的机械按键。触摸检测电路如图 8-19所示。

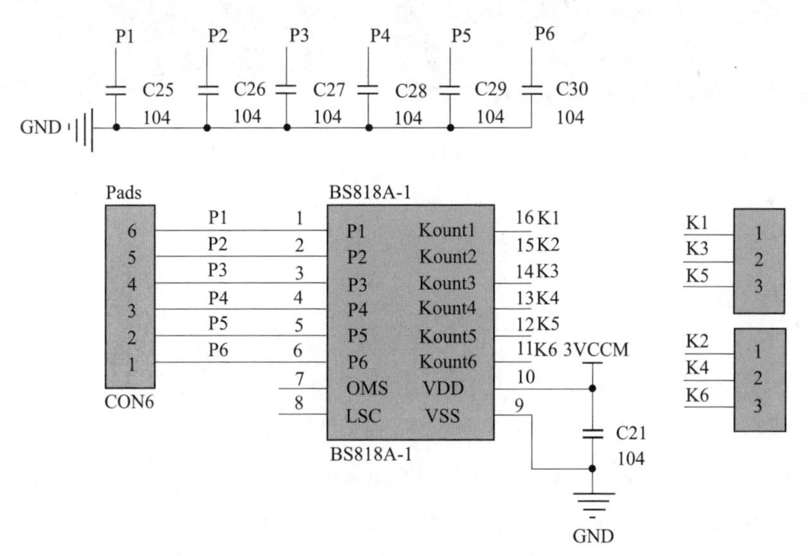

图 8-19　触摸检测电路

（7）OLED 显示屏接口：可选择安装支持 SPI 协议的 1.3 寸 OLED 显示

屏，从而改善系统的人机交互性，但不安装也不会影响系统性能。OLDE 显示屏接口如图 8-20 所示。

(8) PCB 设计：设计 PCB 使用的软件是 Altium Designer 2013。

在该项目中，综合考虑元件的安装密度，贴片、直插元件的安装位置以及布线的合理性等因素，将所有的元件分布在两块 PCB 上，一块用于安装 LED 阵列的驱动电路，另一块则安装其余的控制器件，两块 PCB 之间使用排针连接，便于安装和检查。

LED 阵列驱动电路 PCB 和主控系统 PCB 分别如图 8-21和图 8-22 所示。

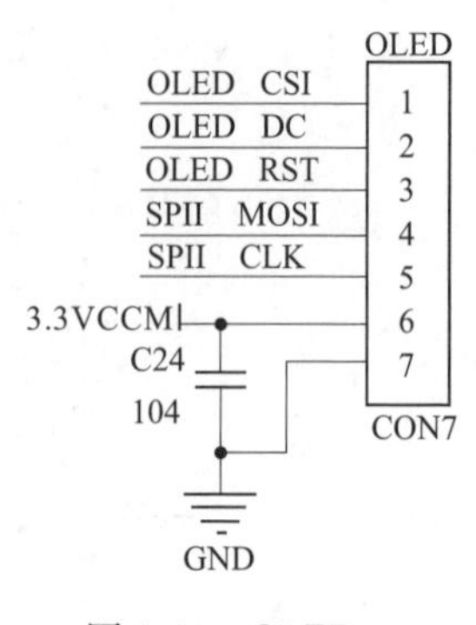

图 8-20 OLED 显示屏接口

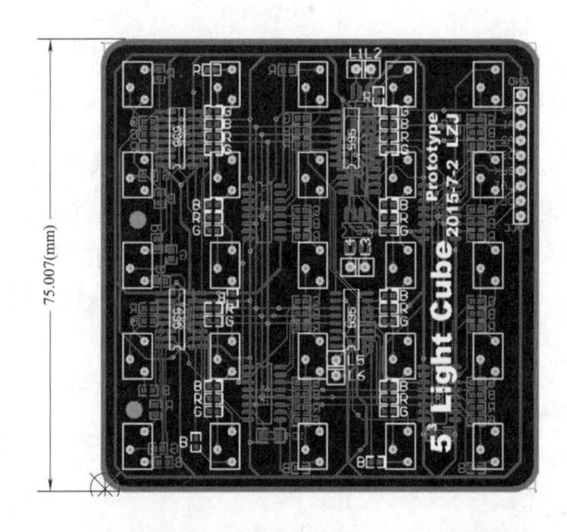

图 8-21 LED 阵列驱动电路 PCB（去除覆铜）

图 8-22 主控系统 PCB（去除覆铜）

8.2.3 程序设计

程序设计分为以下几部分：

(1) 主函数 main()：本项目的主要功能大多都是通过外部设备完成的，但为降低工作量，演示动画就直接由主函数调用。故主函数负责调用外设的初始化函数，以及开始演示动画。主程序流程图如图 8-23 所示。

(2) 串口中断函数（USART2 _ IRQHandler）负责接收来自蓝牙模块的字符串和产生控制命令。由于不启用 USRAT 的 DMA 传输，故在没确认通信结束前，中断函数每次只将收到的一个字节存入缓存数组；在收到停止符或缓存溢出时，则对收到的字符串的有效性进行校验，并转换成控制命令。串口中断流程图如图 8-24 所示。

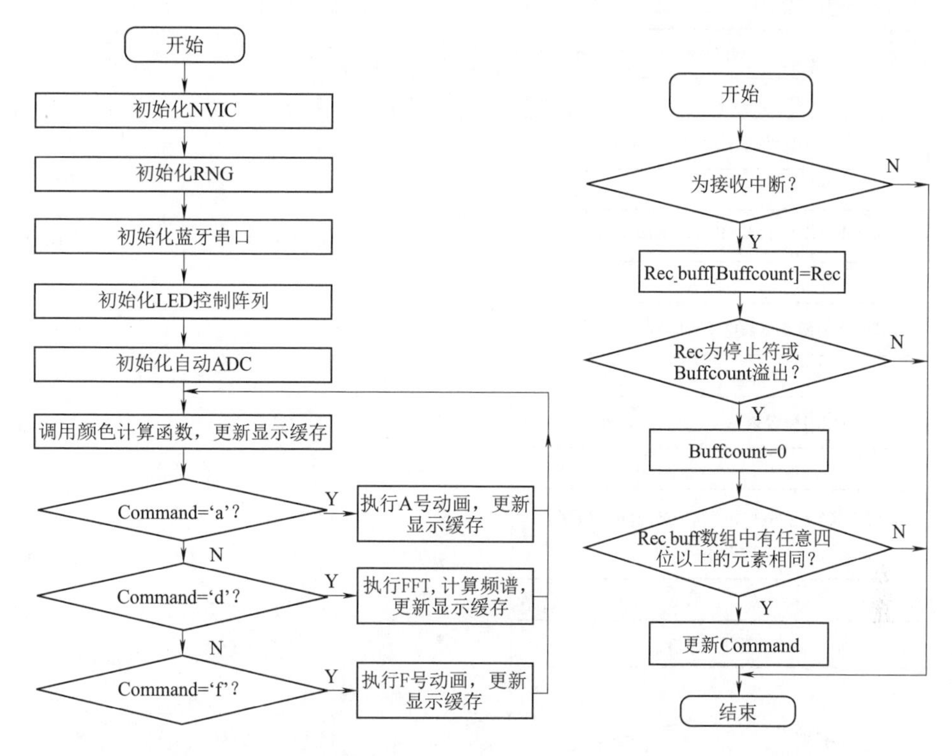

图 8-23　主程序流程图　　　　图 8-24　串口中断流程图

（3）DMA1 _ Stream5 中断函数（DMA1 _ Stream5 _ IRQHandler）负责控制 SPI 与 LED 阵列的 74HC595 的通信。DMA 控制 SPI 自动传输时单次只能传输一层的显示数据，所以中断函数需控制对 LED 阵列的层选切换和重装 DMA 传输源地址。此外，还要在确认完成颜色计算和 SPI 已经传完单帧数据后，交换两个目标缓存指针的值。LED 控制流程图如图 8-25 所示。

（4）DMA2 _ Stream4 负责搬运 ADC 转换完成得到的单个数据到指定地址，ADC 被设置为由 TIM3 触发启动，转换得到的数据由 DMA 传送。为配合 FFT，DMA2 _ Stream4 的数据量计数器被设定为 128，传完 128 个半字后触发中断。

DMA2 _ Stream4 中断函数（DMA2 _ Stream4 _ IRQHandler）负责重置 DMA2-Stream4，并在确认 FFT 计算完毕后交换两个采样缓存指针的值。LED 控制流程图如图 8-26 所示。

（5）颜色计算函数，基本思想为通过循环改变 SPI 输出数据中的特定位，来造成对应的 LED 引脚上的高低电平所占时间的变化，从而模拟出 75 路 PWM。该操作主要由位操作完成，并用汇编编写，以提高效率。颜色计算流程图如图 8-27 所示。

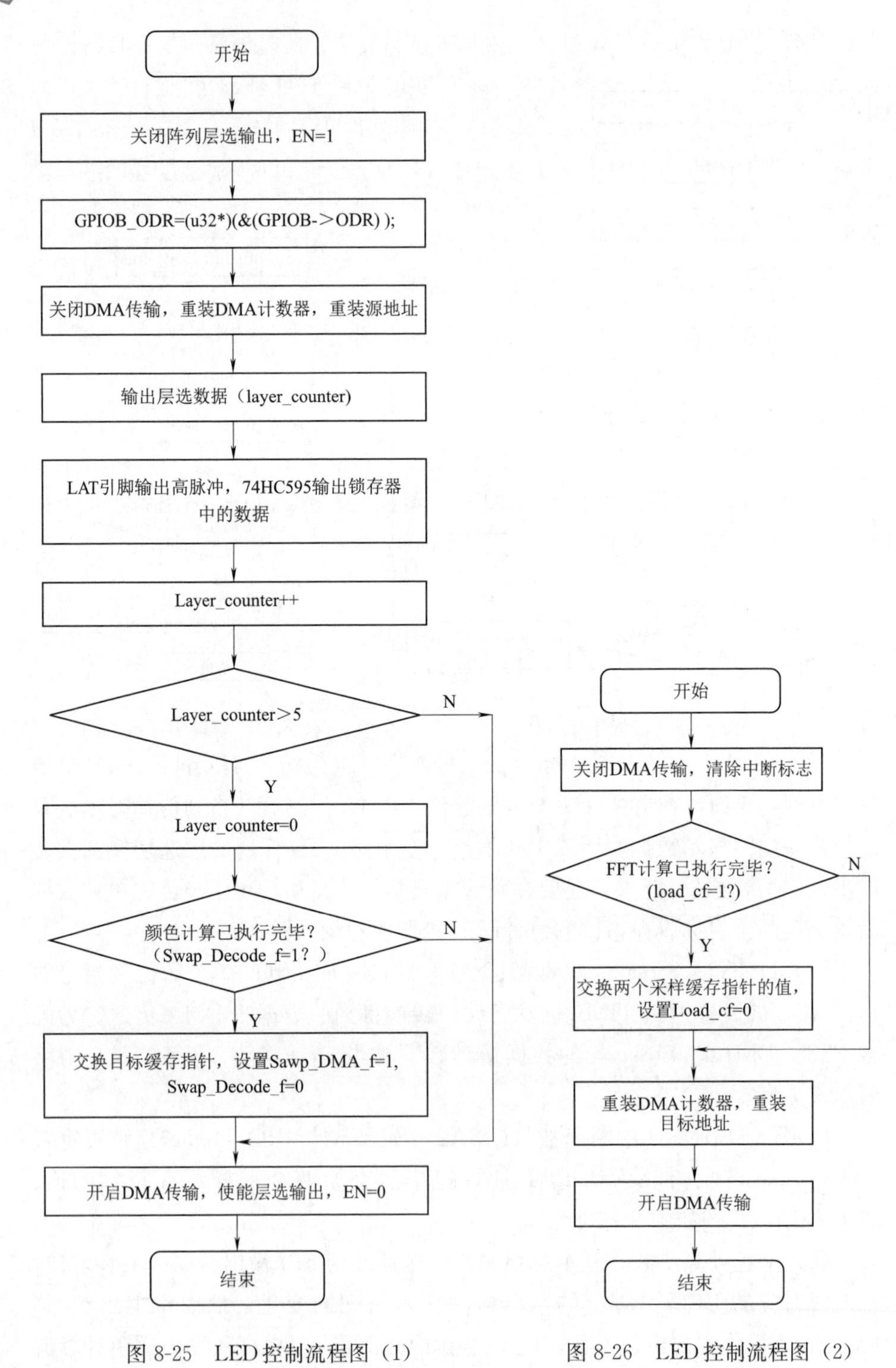

图 8-25　LED 控制流程图（1）

图 8-26　LED 控制流程图（2）

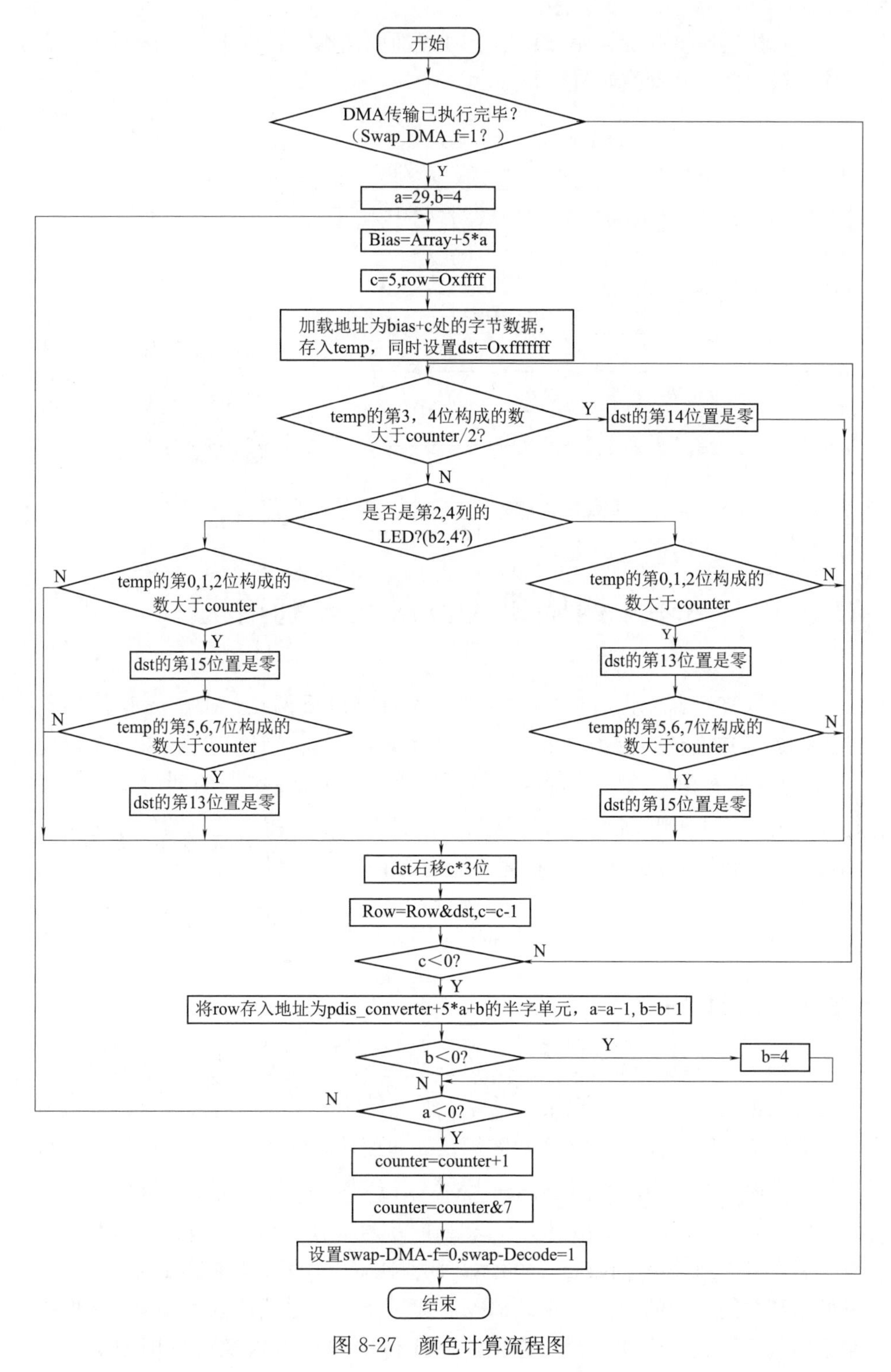

图 8-27　颜色计算流程图

(6) 快速傅里叶变换函数：基于时间抽取法编写，以下为算法原理图和程序。快速傅里叶变换如图 8-28 所示。

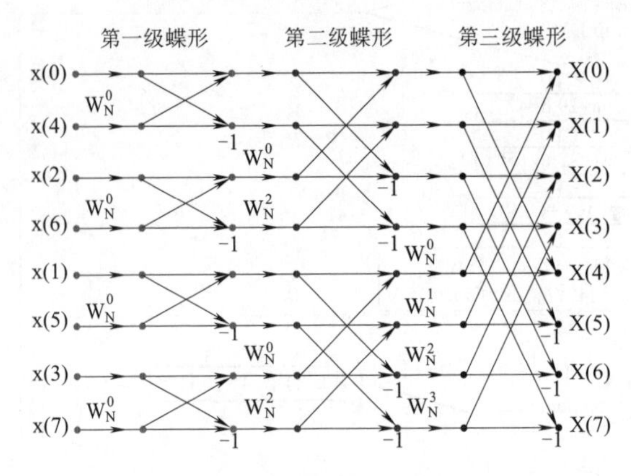

图 8-28　快速傅里叶变换

快速傅里叶变换程序源代码文档

8.3　四旋翼飞行器无人航拍机

四旋翼飞行器无人航拍机，需要深入研究以下两点：①首先是传感器陀螺仪、加速度计、磁力计和气压计的解算与融合，计算得出 3 个欧拉角(无人机的姿态角)，之后通过控制这 3 个欧拉角和飞行器的油门来进行飞行器的起飞、上升与前后左右的移动等；②打开摄像机，进行图像的识别与拍摄工作，将无人机行驶的路径完美地记录下来，并且保存在 SD 卡中，当航拍结束之后，取下 SD 卡，之后在 PC 机上边通过视频播放器回放拍摄的图像等。

8.3.1　总体方案

四轴飞行器的系统主要由单片机控制模块、自制航拍模块、电源模块、人机交互模块、姿态采集模块、摄像头循迹模块、无线传输模块、四轴机械构架等组成。STM32 主控板采集陀螺仪加速度计，磁力计等进行解算之后得到飞行姿态角，之后通过改变四路 PWM 波，从而改变 4 个电机的转速，进行前后左右上下的移动。同时主飞控通过 NRF 线传输和 433 数传将飞行器的各个姿态等参数传给上位机进行显示。同时协控 STM32 受主控控制，进行打开航拍和关闭航拍的动作，协控 STM32 通过 SCCB 总线读取 OV7670 摄像头采集的数据，然后通过 DMA 方式以 SPI 传输协议将摄像头拍摄的图像以

AVI的格式保存在SD卡中。VS100超声波进行读取数据之后通过融合控制PWM从而控制飞行器的高度等。另外需要加入一个OV7670进行图像处理循迹，由于资金问题，尚未加入。

8.3.2 硬件方案设计

1. 定高模式

定高模式设计主要有超声波、气压计、GPS、加速度解算等方式。

方案一：超声波。室内一般用超声波，因为超声波测量精确，便宜，容易操作，但是测量距离有限制，经测试在2.5 m内，超声波的定高是比较稳定的。

方案二：气压计。有浮动，易受影响，主要在室外进行，气压计受温度和光照的影响太大，并且定高不稳定，上下跳动范围大，不适合在室内飞行中测量高度。

方案三：加速度解算。通过加速度计采集结算出来的加速度进行双重积分之后从而算出飞行器的高度，但是误差太大。

方案四：使用GPS。适合于室外，要有4颗卫星同时工作才可以计算出飞行器的坐标以及位置，但是在室内无法做到。

经过各个方面的思考以及讨论，最终选择超声波定高，因为超声波测距不仅仅便宜，而且测算精度相对较高，是电子竞赛的最爱。

2. 电子试高装置（测试飞行器定高稳定度）

电子试高装置方式主要有超声波、摄像头、激光对管等。

方案一：超声波测量范围有限，并且在室内，不管多远的距离，总会有向前发射的超声波经过墙面等的反射之后反馈给R脚，导致测量的难度加大，而且超声波的范围也大，误差也大。

方案二：如果用摄像头，首先必须将其固定好，摄像头是一个万能传感器，测量精确度很高，但是对于一个简易的电子试高装置而言就是大材小用了。

方案三：激光对管主要依靠发射的光管和接收激光的原理，如果接收管接收不到激光，那就说明飞机挡住了激光，检测到了飞机，并且激光较为集中，测量精度高，操作简易。

经过分析思考及讨论之后，最终选择了用激光对管制作一个简易的电子测高装置。

3. 姿态角的读取

可以选择使用加速度陀螺仪、磁力计、光流、摄像头等。

方案一：加速度陀螺仪、磁力计。很容易地实现飞机姿态角的结算，从而很容易地去控制飞行器的平稳性。

方案二：光流。光流对于飞行器的定点很精确，稳定性也很好，对实现飞行器的平稳有很大的作用。

方案三：摄像头。选择此仪器操作难度很大。

最后选择加速度陀螺仪和磁力计。

4. 航拍模式

选择购买现成的摄像头航拍模块，航拍效果好，图像清晰。但是作为实验，自制了一个简易的航拍模块，分别率为 320×240，以 7 帧/秒的速度读写进入 SD 卡中，保存为 AVI 格式，并且航拍之后的视频可以直接在电脑上进行播放。

5. 控制算法的选择

可以选择模糊控制算法和 PID 算法。

方案一：采用模糊控制算法。模糊控制有许多良好的特性，它不需要事先知道对象的数学模型，具有系统响应快、超调小、过渡过程时间短等优点，但编程复杂，数据处理量大。

方案二：采用 PID 算法。按比例、积分、微分的函数关系，进行运算，将其运算结果用以输出控制。优点是控制精度高，且算法简单明了。对于本系统的控制已足够精确，还能节约单片机的资源和运算时间。

综合比较以上两个方案，本系统选择方案二。

8.3.3 电路与程序设计

1. 电路设计

项目模块框图如图 8-29 所示，电路原理图如图 8-30 所示。

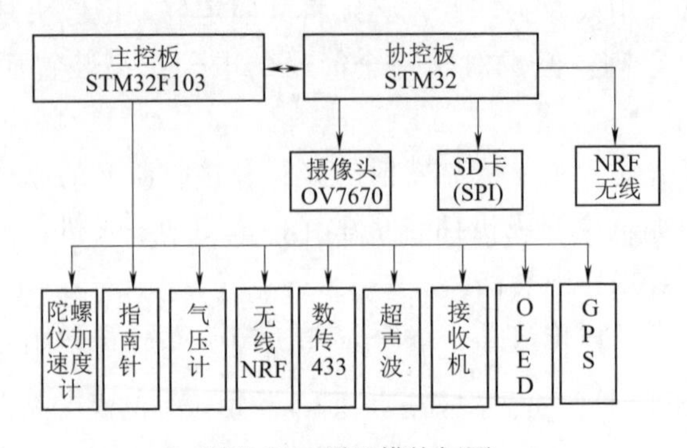

图 8-29 项目模块框图

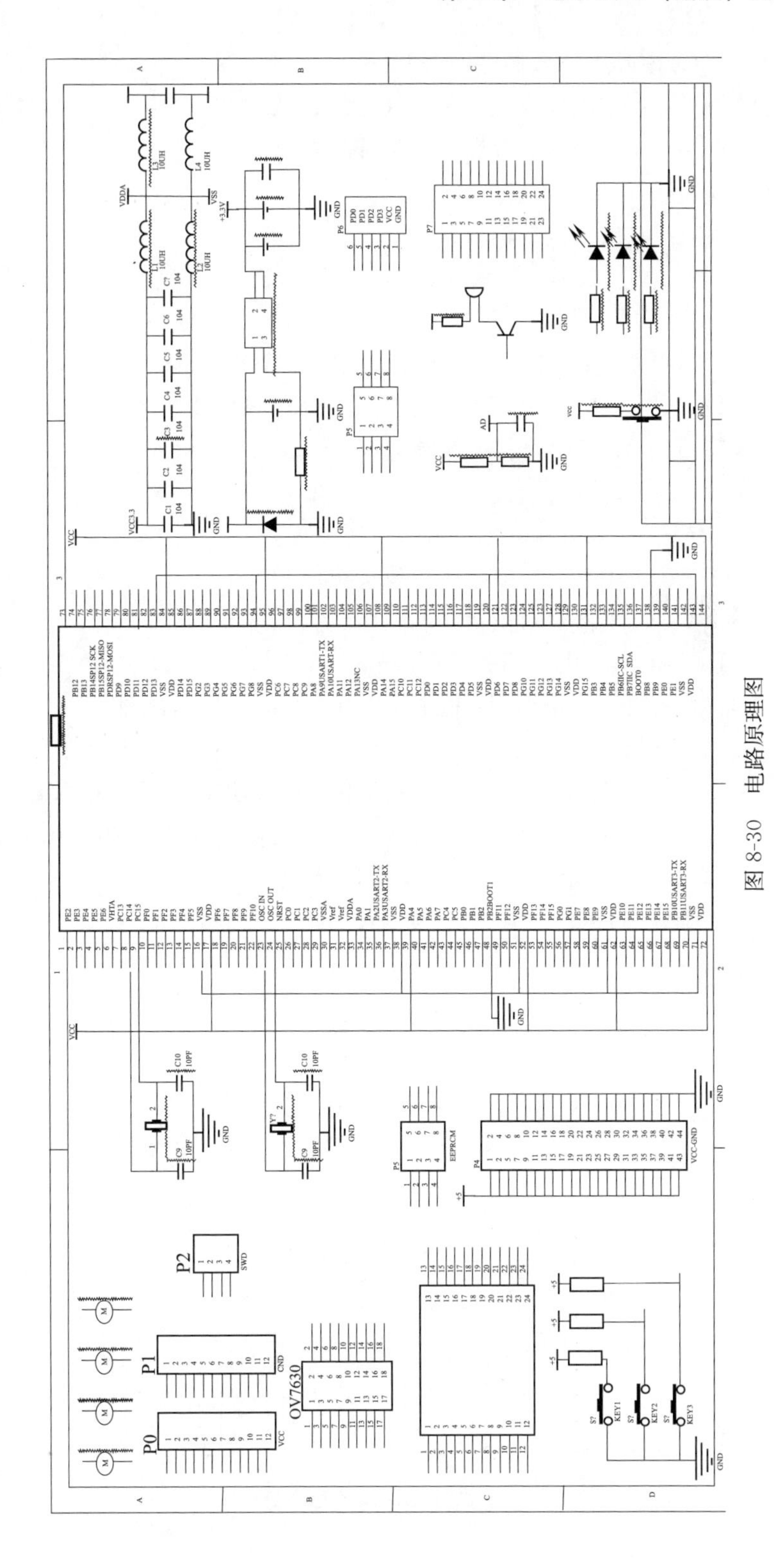

图 8-30　电路原理图

下面介绍其中的元器件：

MS5611：气压计模块，实现气压计定高。

SWD：与 JLINK 链接给单片机下载的接口。

RST：单片机复位按钮。

PWM：电机控制的输出接口。

EEPROM：数据存储模块，用来存储信息。

HMC5883L：指南针模块，用来进行指南的原件。

MPU6050：陀螺仪、加速度计，用来解算欧拉角。

ADC：用来进行 AD 转换得到电源电压的数值。

LED 灯：用来指示飞行器当前的运行状态。

USB：用来传输信息。

UART：用来进行数据传输。

OV7670：用来进行航拍的摄像头接口。

SD 卡：用来保存航拍得到的图像。

NRF2401L：用来进行无线传输。

STM32：协处理器，用来进行航拍摄像机的数据处理。

2. 程序设计

(1) 说明软件设计原理及设计所用工具：使用 C 语言在 MDK（KEIL5）软件上边进行编程之后，生成 HEX 可执行文件，再通过 JLINK 将 HEX 文件转化为 ASIIC 文件烧录到 STM32 的 ROM 区。

(2) 画出软件设计结构图、说明其功能。系统程序流程图如图 8-31 所示。

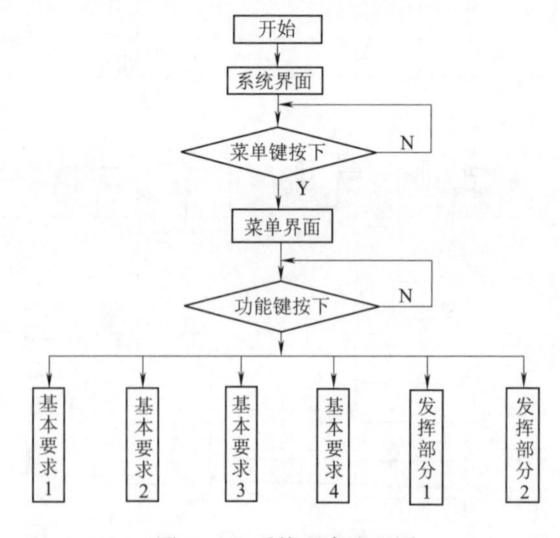

图 8-31　系统程序流程图

（3）画出主要软件设计流程框图，应包括主程序流程框图、中断服务子程序，简单的通信协议等。

.h 文件程序源代码文档

8.3.4　调试方案

1. 调试上位机

匿名四轴上位机如图 8-32 所示。

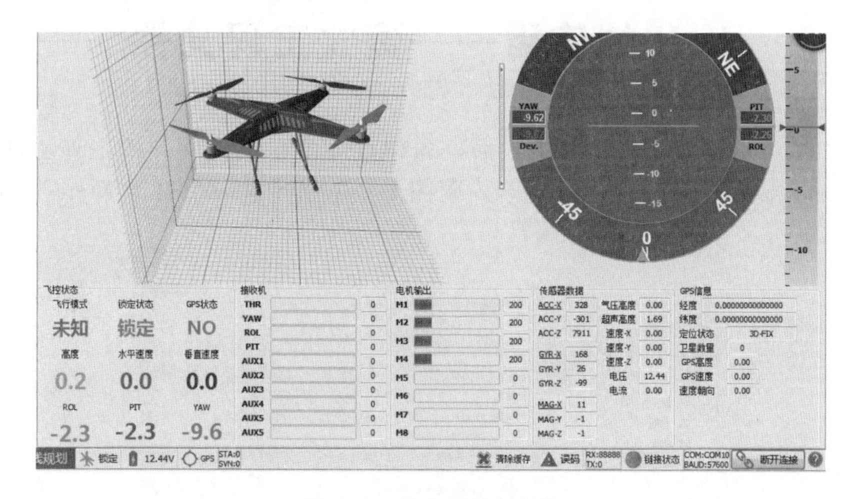

图 8-32　匿名四轴上位机

通过数传将飞行器参数在上位机上显示，有飞行器的解锁以及上锁，飞行器的高度显示，姿态角，电压高低，四个点击的 PWM 值，加速度，陀螺仪，磁力计数据显示，可以实现内外环的 PID 调试，高度 PID 调试，循迹水平 PID 调试。

四旋翼飞行器无人航拍机功能展示视频

2. 测试

测试物件：秒表。

测试方案：将飞行器放在圆形区域 A 或 B，让单片机自主控制飞行器飞行，观察飞行器的飞行高度与飞行方向和时间，若飞行器不能按预定的方案飞行就调整程序的 PID 参数再进行测试。

附录 1

Keil 的使用——建立工程文件

(1) 首先要养成一个习惯：最好先建立一个空文件夹，把工程文件放到里面，以避免和其他文件混合，附图 1-1 先创建了一个名为 Mytest 的文件夹。

附图 1-1　创建项目文件夹

(2) 双击桌面上的 KEIL uVision4 图标，出现启动画面，如附图 1-2 所示。

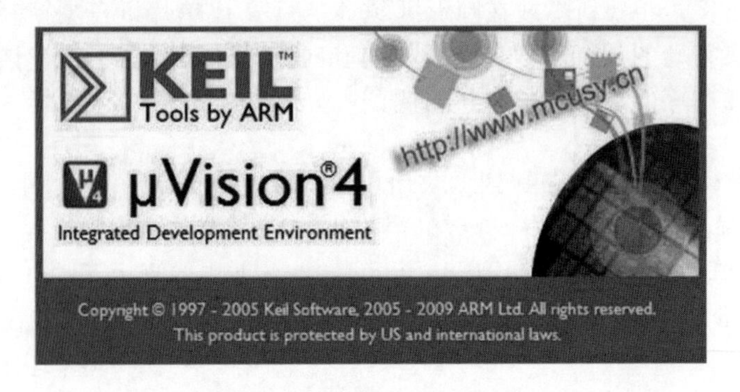

附图 1-2　KEIL 4 启动画面

（3）单击 Project→New uVision Project…命令，新建一个工程放在工程文件夹 Mytest 下，如附图 1-3 所示。

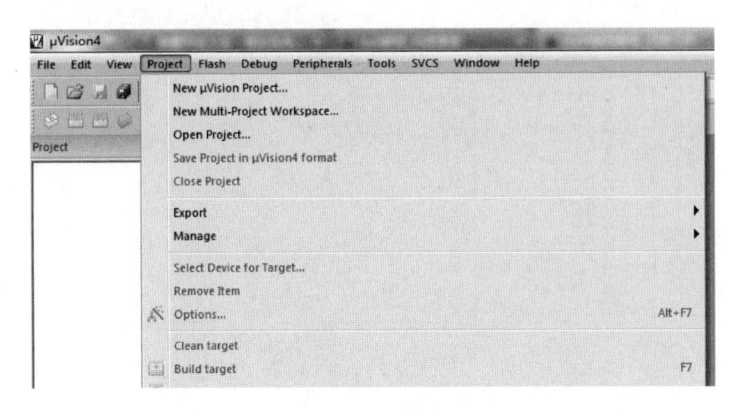

附图 1-3　新建项目

（4）弹出一个标准 Windows 文件对话窗口，如附图 1-4 所示，在“文件名”中输入项目名称，这里用 test，单击“保存”后的文件扩展名为 uvproj，这是 KEIL uVision4 项目文件扩展名，以后可以直接单击此文件以打开先前做的项目。

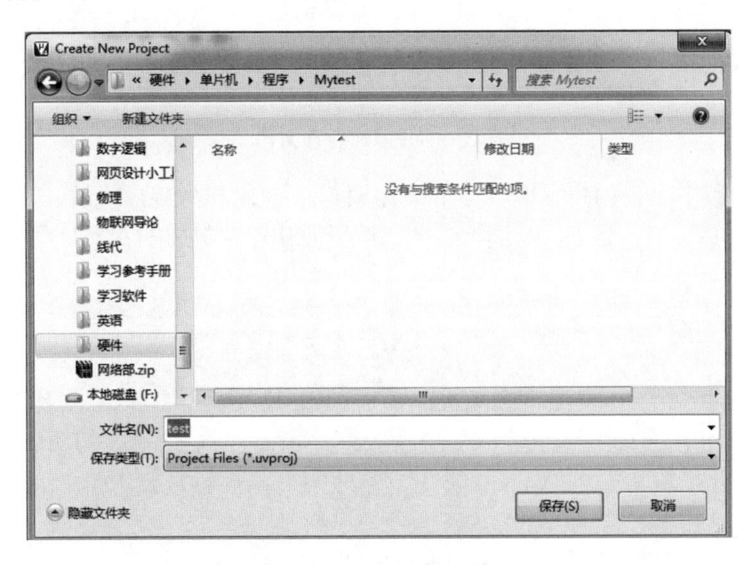

附图 1-4　保存项目位置

（5）选择所要的单片机，这里选择常用的 Ateml 公司的 AT89C51，如附图 1-5 所示，单击 OK 按钮，弹出完成工程项目建立的消息框，如附图 1-6 所示，可以根据需要选择是否添加启动文件。

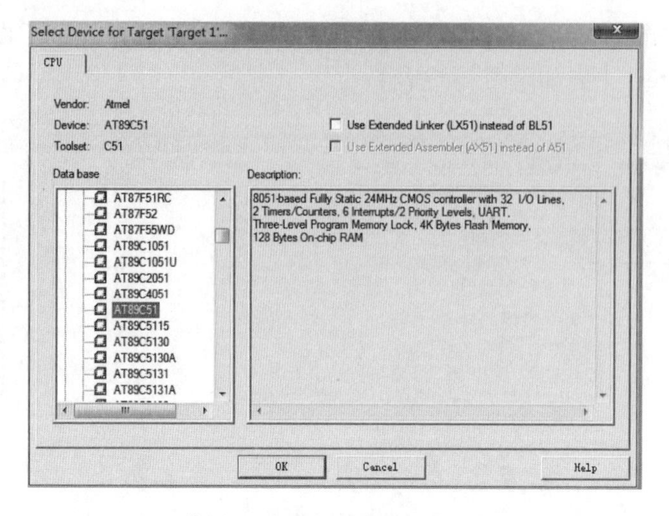

附图 1-5　选择相应的 51 芯片

附图 1-6　添加启动文件

（6）以上工程创建完毕，接下来在项目中创建新的程序文件，以 C 程序为例：在 File 下选择 New 新建一个文本，如附图 1-7 所示。

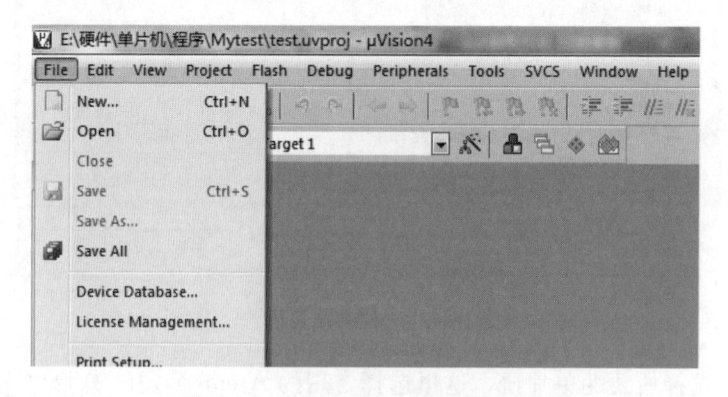

附图 1-7　新建项目 C 语言程序文件

（7）在空白区写入或复制一个完整的 C 程序，如附图 1-8 所示。

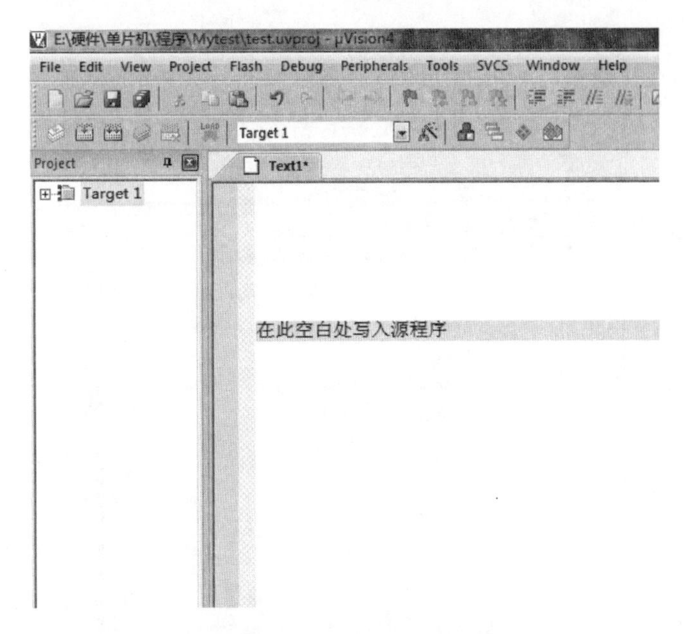

附图 1-8　编写 C 语言程序

(8) 保存该文档为“. c”文件，在这里笔者示例输入“test. c”这个名称，同样可以根据需要命名。注意：如果用的是汇编语言，则命名为“test. asm”，然后保存，如附图 1-9 所示。

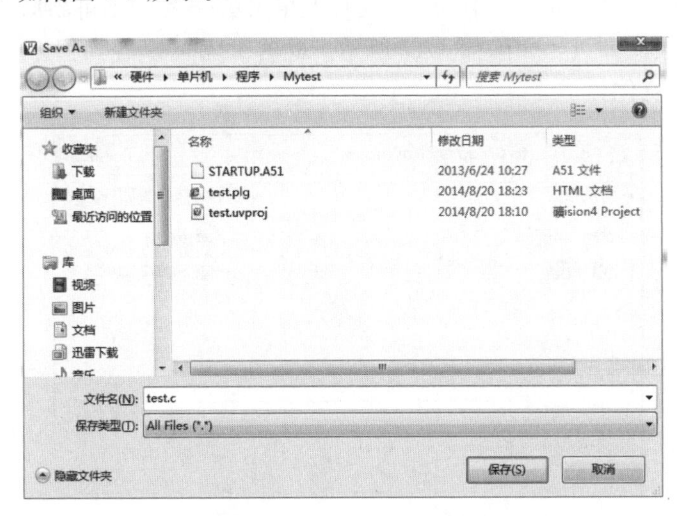

附图 1-9　程序文件保存

(9) 把刚创建的 test. c 源程序文件加入到工程项目文件中，在 Source Group 1 右键单击，选择 Add Existing File to Group Source Group 1…，如附图 1-10 所示。

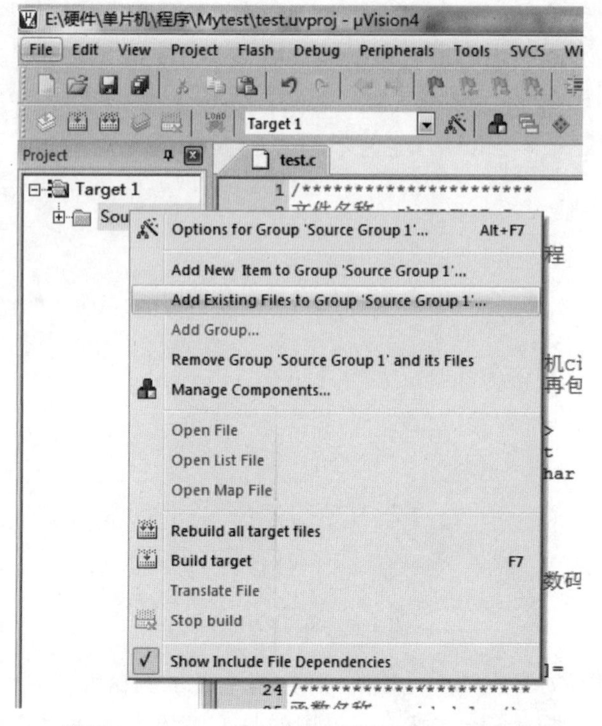

附图 1-10　将 C 语言程序添加到项目工程文件

（10）弹出对话框，选中 test. c 文件，单击 Add 按钮即可添加完成，单击 Close 按钮关闭即可，如附图 1-11 所示。此时大家可以看到程序文本字体颜色已发生了变化。

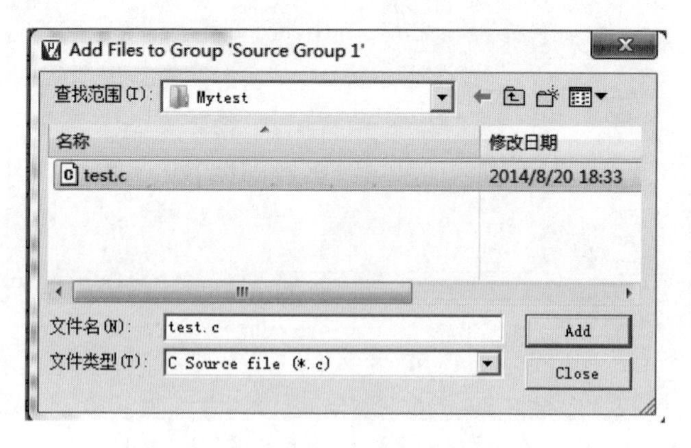

附图 1-11　选择相应的 C 语言源文件

（11）添加头文件。先把头文件 STC15F2K60S2. H 复制添加到工程文件夹 Mytest 下，然后同 test. c 的添加方式一样，将 STC15F2K60S2. H 添加到工程目录文件中，如附图 1-12 所示。

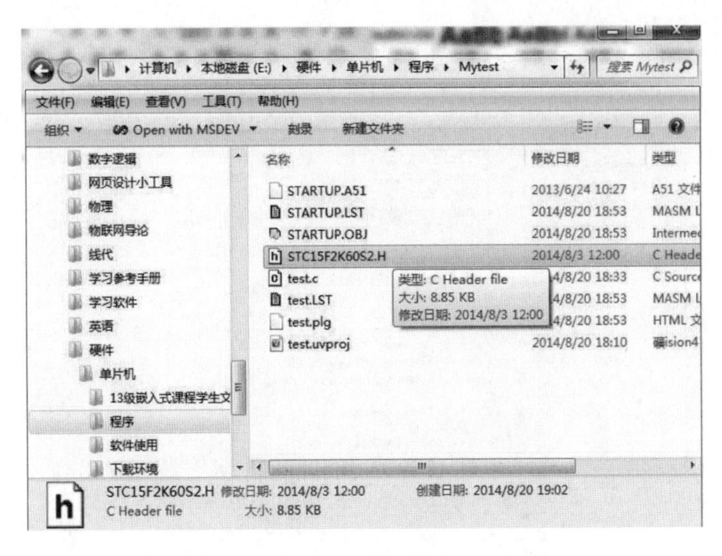

附图 1-12　添加头文件到工程文件

(12) 完成上面代码的修改、编写，保存后。在编译生成 .hex 的可执行文件之前，进行如下的设置：在 Project 下选择 Options for Target 'Target 1'... 或直接在程序上方选择 均可，弹出对话框 Options for Target “Target 1”。在 Output 栏选中 Create HEX File 选项，使编译器输出单片机需要的 HEX 文件，如附图 1-13 所示。

(13) 工程项目创建和设置全部完成，最后单击 按钮进行编译，生成 .hex 文件，如附图 1-14 所示。

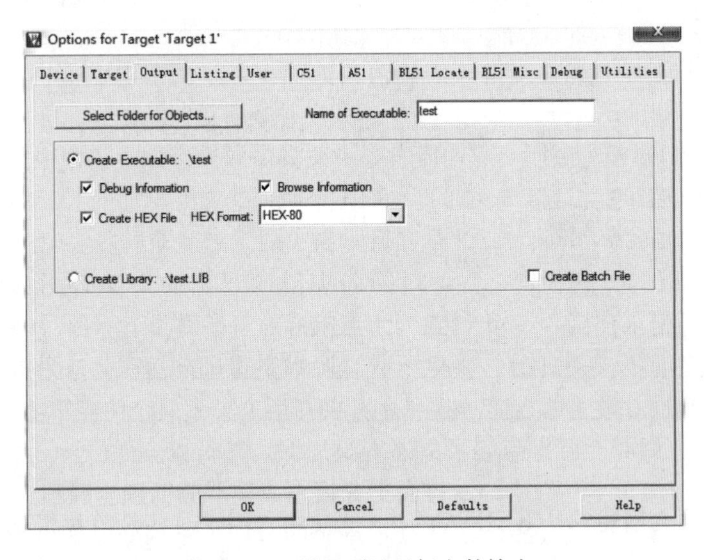

附图 1-13　设置项目目标文件输出

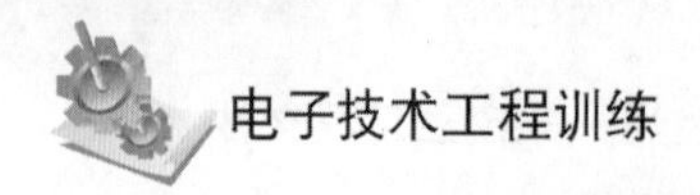

附图 1-14　编译项目文件

（14）查看工程文件夹内容，如附图 1-15 所示。

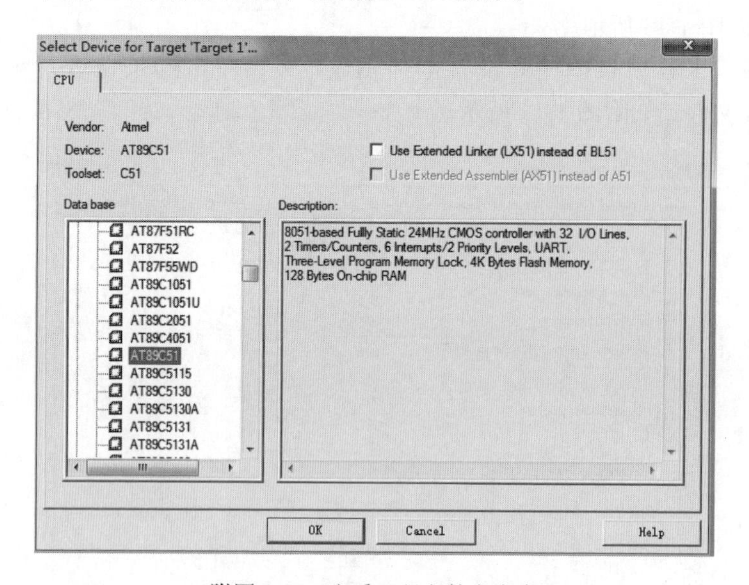

附图 1-15　查看工程文件夹内容

以上图文描述的是 KEIL uVision 的使用入门，这些是单片机基础知识和基本操作必备的。

Keil的使用—建立工程文件视频

注：上述中关于源代码程序的创建：步骤（7）可以先不写源代码即建立空白文档，先将文档保存为“.c”或“.asm”并添加到项目工程文件后，即步骤（10）完成后再写源代码，完成程序编写，从而避免源代码程序文件丢失。

附录 2

STC-ISP 软件的使用——下载并测试

（1）打开软件 STC-ISP，此时串口号显示“没有可用的接口”，如附图 2-1 所示。

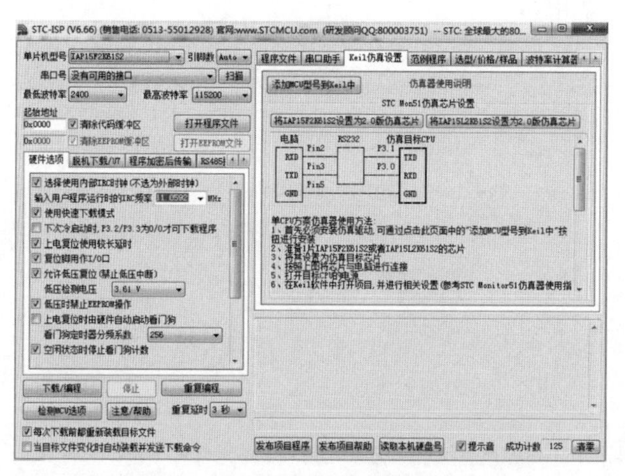

附图 2-1　STC-ISP 软件启动界面

（2）将单片机与电脑连接起来，此时显示串口号，如附图 2-2 所示。

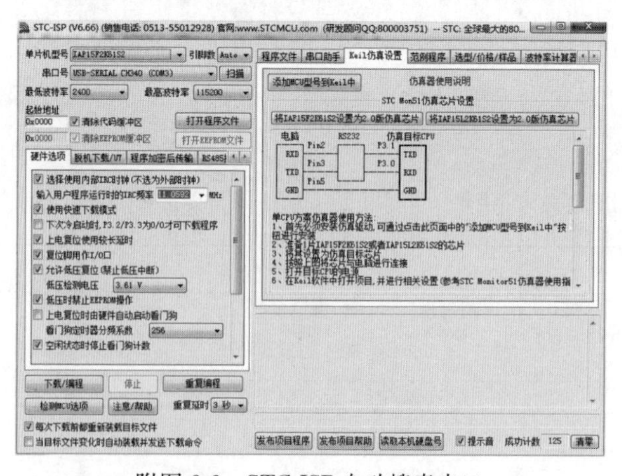

附图 2-2　STC-ISP 自动搜索串口

（3）选择单片机型号 IAP15F2K61S2，如果型号选择错误，将无法下载成功。

（4）单击“打开程序代码文件”，选择打开要下载的“. hex”文件，如附图 2-3 所示。

附图 2-3　选择相应的 hex 文件

（5）单击“下载/编程”，然后单击单片机的复位键（下载键），进行程序下载，如附图 2-4 中显示“操作成功”，即表示下载成功。

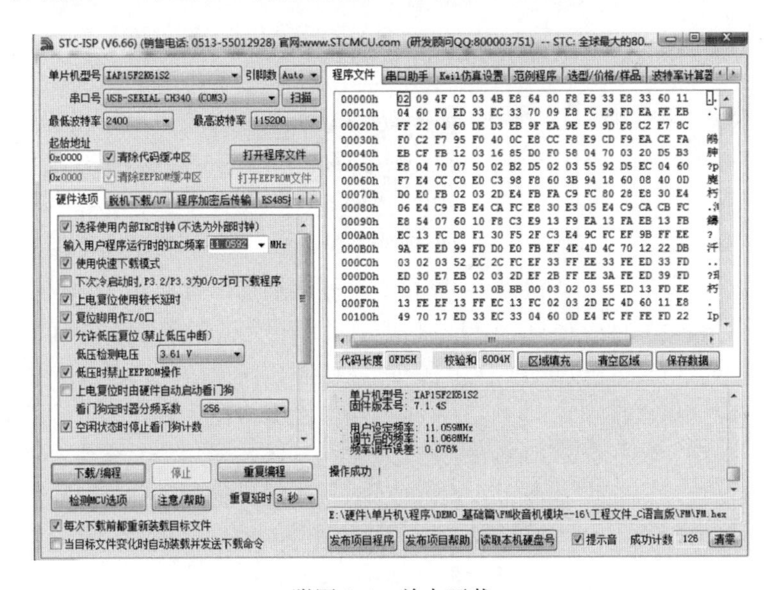

附图 2-4　单击下载

（6）依据已下载的程序的功能，在单片机上进行相关功能的测试。

注：

(1) 在硬件选项中“下次冷启动时，P3.2/P3.3 为 0/0 才可下载程序”不要打勾！保证程序可修改，确保输入下载到单片机的程序的正确性。

(2) 单片机型号选错时，下载时出现如附图 2-5 所示的情况，报告单片机型号选择错误并显示正确的单片机型号，重新选择正确的单片机型号进行下载测试即可。

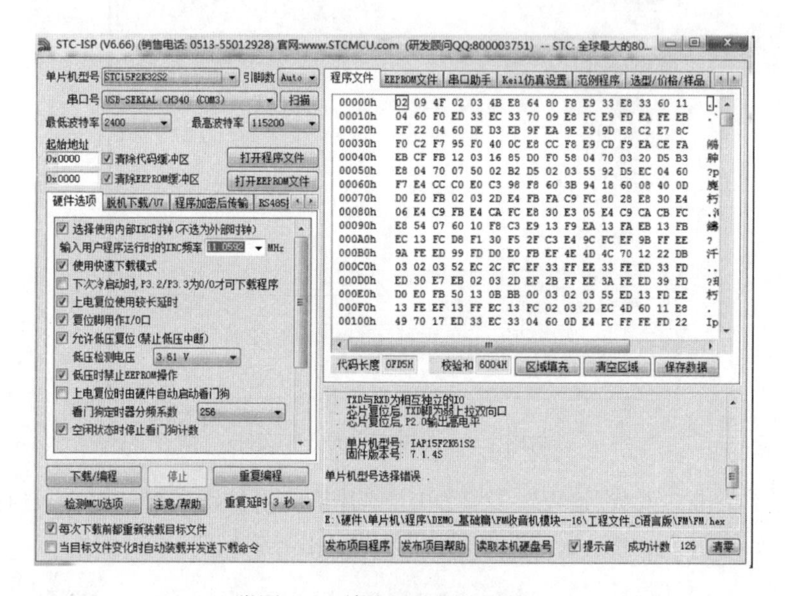

附图 2-5　单片机选择错误情况

STC-ISP 软件的使用视频

附录3

摇摇棒源程序

1. 字模工具

摇摇棒是利用视觉残留原理，通过依次点亮LED形成画面的。那么每次点亮哪些LED，需要通过工具来建立字模。

如何建立“欢”字模文档

以“欢”字为例，程序中的“欢”点阵如下：

0x04，0x10，0x34，0x08，0xC4，0x06，0x04，0x01，
0xC4，0x82，0x3C，0x8C，0x20，0x40，0x10，0x30，
0x0F，0x0C，0xE8，0x03，0x08，0x0C，0x08，0x10，
0x28，0x60，0x18，0xC0，0x00，0x40，0x00，0x00。

为了直观，把它按PCB布线的方法把上面的点阵排类一下：

	1	2	3	4	1	2	3	4	1	2	3	4	1	2	3	4
P00	0	0	0	0	0	0	0	0	1	0	0	0	0	0	0	0
P01	0	0	0	0	0	0	0	0	1	0	0	0	0	0	0	0
P02	1	1	1	1	1	1	0	0	1	0	0	0	0	0	0	0
P03	0	0	0	0	0	1	0	0	1	1	1	1	1	1	0	0
P04	0	1	0	0	0	1	0	1	0	0	0	0	0	1	0	0
P05	0	1	0	0	0	1	1	0	0	1	0	0	1	0	0	0
P06	0	0	1	0	1	0	0	0	0	1	0	0	0	0	0	0
P07	0	0	1	0	1	0	0	0	0	1	0	0	0	0	0	0
P20	0	0	0	1	0	0	0	0	0	1	0	0	0	0	0	0
P21	0	0	1	0	1	0	0	0	0	1	0	0	0	0	0	0
P22	0	0	1	0	0	1	0	0	1	0	1	0	0	0	0	0
P23	0	1	0	0	0	1	0	0	1	0	1	0	0	0	0	0
P24	1	0	0	0	0	0	0	1	0	0	0	1	1	0	0	0
P25	0	0	0	0	0	0	0	1	0	0	0	0	1	0	1	0
P26	0	0	0	0	0	0	1	0	0	0	0	0	0	1	0	0
P27	0	0	0	0	1	1	0	0	0	0	0	0	0	1	0	0

其中 1 为 LED 亮，0 为 LED 灭。接下来为了方便看哪些是亮的，把 0 去掉。

P00									1						
P01									1						
P02	1	1	1	1	1	1			1						
P03						1			1	1	1	1	1	1	
P04		1				1		1						1	
P05		1				1	1			1			1		
P06			1		1					1					
P07			1		1					1					
P20				1						1					
P21			1		1					1					
P22			1			1			1		1				
P23		1				1			1		1				
P24	1							1				1	1		
P25								1					1		1
P26							1							1	
P27					1	1								1	

一个很大的“欢”字就形成了，见附图 3-1。

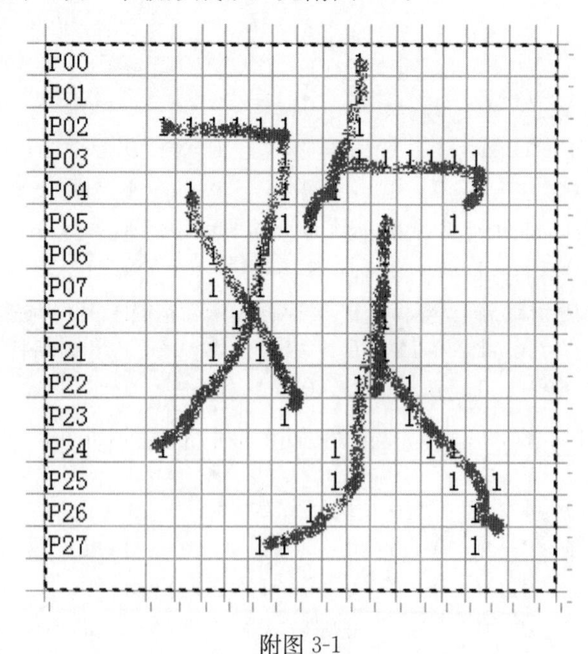

附图 3-1

上面的点阵是手动排列的，接下来学习如何用软件取字模，见附图 3-2。

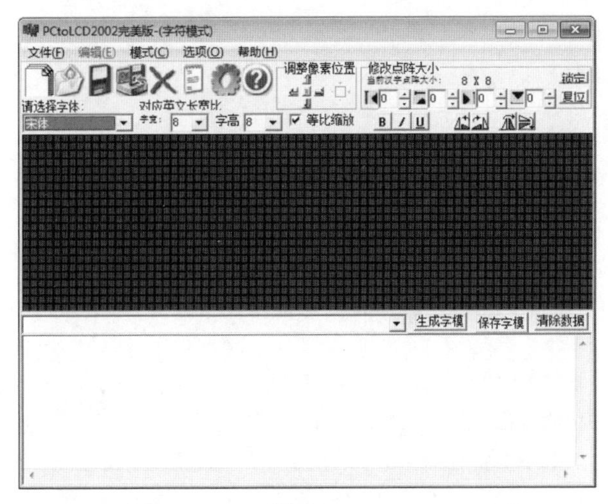

附图 3-2

首先在选项设置中，设定好字模参数，见附图 3-3。

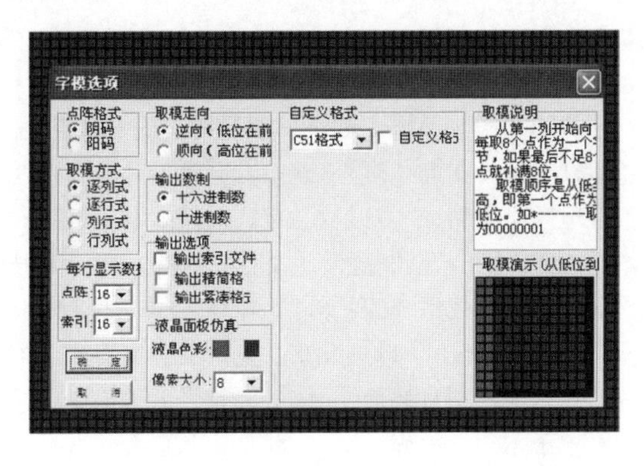

附图 3-3

字体设置为新宋体，然后输入“欢”，单击“生成字模”按钮，见附图 3-4。

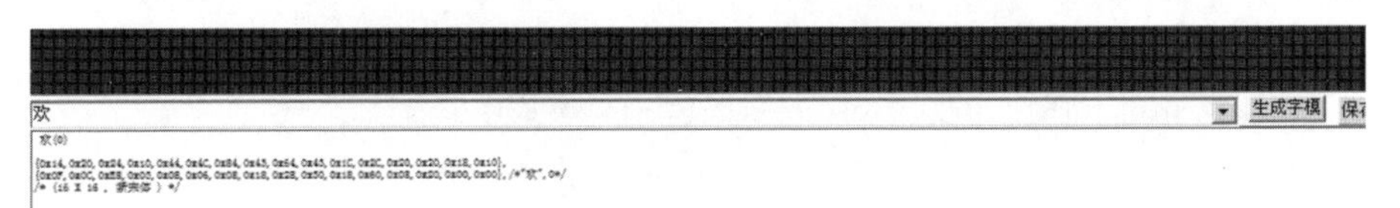

附图 3-4

单击完后会得到如下字模：

欢（0）

2. 源代码

烧录在芯片中的默认程序见右侧二维码。

摇摇棒
源代码文档

参考文献

[1] 楚锋等．电子实习指导［M］．长沙：湖南大学出版社，2002.

[2] 刘建清．从零开始学电子元器件识别与检测技术［M］．北京：国防工业出版社，2007.

[3] 李祥新，等．常用电工电子器件基本知识［M］．北京：中国电力出版社，2007.

[4] 苏生荣．电子技能实训［M］．西安：西安电子科技大学出版社，2008.

[5] 张雪芹等．电工电子实验教程［M］．上海：华东理工大学出版社，2008.

[6] 张上均．电子基本技能训练指导：元件 仪器 焊接 电路板设计与制作［M］．桂林：广西师范大学出版社，2011.

[7] 沈小丰．电子技术实践基础［M］．北京：清华大学出版社，2005.

[8] 陈光明．电子技术课程设计与综合实训［M］．北京：北京航空航天大学出版社出版，2007.

[9] 蔡建国．电子设备结构与工艺［M］．武汉：湖北科学技术出版社，2003.

[10] 彭介华．电子技术课程设计指导［M］．北京：高等教育出版社，2008.

[11] 肖景和．数字集成电路应用精粹［M］．北京：人民邮电出版社，2002

[12] 张祖林，吕刚，胡进德．电子产品制造工艺［M］．武汉：华中科技大学出版社，2008.

[13] 吴兆华，周德俭．表面组装技术基础［M］．北京：国防工业出版社，2002.

[14] 张重雄．现代测试技术与系统［M］．北京：电子工业出版社，2010.

[15] 金杰．新编单片机技术应用项目教程［M］．北京：电子工业出版社，2010.

[16] 张立毅，王华奎．电子工艺学教程［M］．北京：北京大学出版社，2006.

[17] 优利德万用表 UT61 使用手册．

[18] 优利德万用表 UT805A 使用手册．

[19] RIGOL 用户手册 DS1000Z 系列数字示波器．

[20] 多组输出直流电源供应器使用手册．

[21] RIGOL 用户手册 DG1000 系列双通道函数/任意波形发生器．